中等职业教育教学改革新规划教材

应用数学

（通用基础模块）

主　编　尹清杰　陈软喻
副主编　冷拥军　林　彬　郑秀秀
参　编　刘盛洪　周华勇　曾意意
　　　　林　影　金小红　周秀女
　　　　李金光　陈　辉
主　审　刘维先

机 械 工 业 出 版 社

为适应中职学校教学改革的需要，贯彻教育部有关精神，我们参照《中等职业学校教学大纲》，并根据当前中职学生实际水平和潜在接受能力，组织编写了本套教材。本套教材充分贯彻“必需、够用、求实、创新”的原则，坚持以学生为主的编写思想，突出了适用性、实用性、职业性、实践性和创新性等特色。

本套教材分为《应用数学（通用基础模块）》、《应用数学（机电专业模块）》、《应用数学（计算机专业模块）》和《应用数学（财经专业模块）》四册。本书为《应用数学（通用基础模块）》，主要内容有：数、式与方程，指数与对数，计算器的功能简介，函数和三角函数。

本书可作为三年制中职数学教材，也可作为技工学校数学教材。

图书在版编目（CIP）数据

应用数学（通用基础模块）/尹清杰，陈软喻主编．—北京：机械工业出版社，2009．9（2020．1 重印）

中等职业教育教学改革新规划教材

ISBN 978-7-111-28086-6

Ⅰ．应…　Ⅱ．①尹…②陈…　Ⅲ．应用数学-专业学校-教材　Ⅳ．029

中国版本图书馆 CIP 数据核字（2009）第 146287 号

机械工业出版社（北京市百万庄大街 22 号　邮政编码 100037）

策划编辑：宋学敏　责任编辑：孙志强　版式设计：霍永明

责任校对：陈延翔　封面设计：王伟光　责任印制：郜　敏

涿州市京南印刷厂印刷

2020 年 1 月第 1 版第 8 次印刷

169mm×239mm・7．25 印张・140 千字

11001—12000 册

标准书号：ISBN 978-7-111-28086-6

定价：19．00 元

凡购本书，如有缺页、倒页、脱页，由本社发行部调换

电话服务

服务咨询热线：010－88379833

读者购书热线：010－88379649

网络服务

机 工 官 网：www．cmpbook．com

机 工 官 博：weibo．com/cmp1952

教育服务网：www．cmpedu．com

金 书 网：www．golden-book．com

前　言

为适应中职学校教学改革的需要，贯彻教育部有关精神，我们参照《中等职业学校教学大纲》，并根据当前中职学生实际水平和潜在接受能力，组织编写了本套教材．本套教材充分贯彻“必需、够用、求实、创新”的原则，坚持以学生为主的编写思想，突出以下特色：

(1) 适用性．编写前，我们根据中职学生数学基础缺失的现状，揉入了初中知识的复习内容，避免了纯粹复习造成的课时浪费．

(2) 实用性．教材体系从职业活动工作任务的实际需要出发，充分体现职业教育为就业服务的本质特点，致力于学生能学有所得、学有所用．

(3) 职业性．突出以岗位技能为重点，以职业能力为本位，以掌握必备的知识和技术为基础，同时渗透人文、职业道德、安全、方法等方面的教育，将教学与现代人才职业活动的基本素质培养有机地结合起来，使学习者具备不断开发自身潜能的本领．

(4) 实践性．突出实践教学环节，加强了技能训练和生产实训教学，教学内容与生产、生活实际联系紧密，实现理论、实践一体化教学，使学习者体验成功，激发学习者学习的内驱力．

(5) 创新性．打破以往按章节编排的思路，构建了以任务驱动课程模式理念为指导，以职业活动为主线，以项目任务为主题的完整新工作体系和全新的课程组织形式，通过任务加强技能训练，驱动理论学习，符合学生认知规律．

本套教材分为《应用数学（通用基础模块）》、《应用数学（机电专业模块）》、《应用数学（计算机专业模块）》和《应用数学（财经专业模块）》四册，供三年制中职选用，建议本套教材的教学时间为一年．本套教材由尹清杰、陈软喻主编，参加本册编写的人员还有温州市技工学校（技师学院）冷拥军、林彬、刘盛洪、周华勇、曾意意、林影，绍兴技工学校金小红、周秀女、李金光、陈辉，北京市经贸学校郑秀秀．

感谢浙江工贸职业技术学院刘维先副教授对本书全面、细致的审阅．

感谢温州市劳动和社会保障局培训处对本套教材编写给予的政策支持．

由于编者水平所限，加之时间仓促，而任务驱动课程模式又属于起步阶段，书中难免有不妥之处，敬请专家、读者不吝指正．

编者

目　录

课题1 数、式与方程

数，是数学中的基本概念，也是人类文明的重要组成部分．数的概念的每一次扩充都标志着数学的巨大飞跃．一个时代人们对于数的认识与应用，以及数系理论的完善程度，反映了当时数学发展的水平．今天，我们所应用的数系，已经构造得如此完备和缜密，以至于在科学技术和社会生活的一切领域中，它都成为基本的语言和不可或缺的工具．在我们得心应手地享用这份人类文明的共同财富时，是否想到在数系形成和发展的历史过程中，人类的智慧所经历的曲折和艰辛呢？

项目 1.1 数

案例导入 遇到问题，调整好状态应对吧！

某人开车从家里出发行驶，若规定向南为正、向北为负，一天的行驶记录如下：

$$-3，+4，+5，-2$$

请解释记录数字的实际意义．

【分析】 根据“向南为正、向北为负”的规定，则 $+a$ 表示向南行驶 $a$km，$-b$ 表示向北行驶 $b$km．

【解】 -3 表示向北行驶 3km， $+4$ 表示向南行驶 4km， $+5$ 表示向南行驶 5km， -2 表示向北行驶 2km．

1.1.1 数及数的运算

1. 整数 把空白处填好，你就归纳好重点啦．

整数 { 正整数　例如：________________
零
负整数　例如：________________ }

温馨提示

不要小看整数，认为整数很容易学，其实数学中有一个重要的分支——数论，就是专门研究整数的，那可是很深奥的，其中有很多问题到现在还没解决．最著名的是哥德巴赫猜想（后面再介绍）．

2. 运算符的次序　把空白处填好，你就归纳好重点啦．

$120-36\times4/18+25$ 运算顺序是________，运算过程及结果是________．

$(58+37)\div(45-56)$．

例1　计算：$120-36\times4/18+25$．

【解】　$120-36\times4/18+25=120-144/18+25$

$=120-8+25=112+25$

$=137$

温馨提示

“÷”号还可用“/”的形式表示．如 $4\div5$ 用 $\frac{4}{5}$ 表示，或用4/5表示．

（1）$80-80/16\times2+25$；

（2）$45-(15+10\times3)/15$．

例2　计算：$(58+37)/(9\times5-64)$．

【解】　$(58+37)/(9\times5-64)$

$=95/(45-64)=95/(-19)=-5$．

1. $1515-15\times(94+54/9)$.

2. 先说出运算顺序，再计算：

（1）$178-145/5\times6+42$；

（2）$420+580-64\times21/28$；

（3）$69\times5-115/23\times12$；

（4）$85+14\times(14+208/26)$.

例3　计算：$118+1536/[12\times(59-63)]$.

【解】　$118+1536/[12\times(59-63)]$

$=118+1536/[12\times(-4)]$

$=118+1536/(-48)=118-32$

$=86$

温馨提示

在一个算式里，既有小括号，又有中括号，要先算小括号里面的，再算中括号里面的，即去括号时由小到大的顺序.

（1）$[60+240/(10-30)]\times2$；

（2）$[(60+240/10)-30]\times2$；

（3）$60+240/[(10-30)\times2]$；

（4）$(60+240)/(10-30)\times2$.

温馨提示

运算次序：先算乘方，再算乘除，最后算加减，有括号要先算括号里的.

3. 指数　把空白处填好，你就归纳好重点啦.

(1) $5^3=$ ________ $=$ ________；

(2) $(-3)^4=$ ________ $=$ ________；

(3) $\left(-\frac{1}{2}\right)^5=$ ________ $=$ ________.

温馨提示

几个相同数的乘积可以用指数来表示，如 $2\times2\times2\times2\times2\times2$ 可以用 2^6 来表示，这就有了指数．一般表示为

$$a^n=\overbrace{a\times a\times a\times a\times\cdots\times a}^{n个}.$$

乘运算的结果称为积，指数运算的结果称为幂．

运算法则：(1) $\frac{1}{a^n}=a^{-n}$ 或 $\left(\frac{1}{a}\right)^n=a^{-n}$；

(2) $a^n\cdot a^m=a^{n+m}$；

(3) $\frac{a^n}{a^m}=a^n\cdot a^{-m}=a^{n-m}$；

(4) $(ab)^n=a^nb^n$.

具体内容在下章介绍．

4. 奇数和偶数 把空白处填好，你就归纳好重点啦．

偶数：能被 2 整除的整数　例如：________；

奇数：不能被 2 整除的整数　例如：________．

温馨提示

1. 奇数 ± 奇数 = 偶数．
2. 奇数 ± 偶数 = 奇数．
3. 偶数 ± 偶数 = 偶数．

例 4　三个连续偶数的和比其中最大一个偶数大 38，求这三个连续偶数．

【解】　三个连续偶数的和比其中最大一个偶数大 38，即另外两个偶数的和是 38．由于连续偶数的差是 2，如图 1-1 所示，根据和差关系有

甲：(38 − 2) ÷ 2 = 18；

乙：18 + 2 = 20；

丙：20 + 2 = 22.

所以，这三个连续偶数分别为：18，20，22.

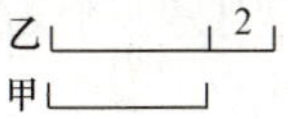

图 1-1

例 5　(1) 三个连续奇数的和比其中最小一个大 32，求这三个数.

【解】　三个连续奇数的和比其中最小一个大 32，则另外两个奇数的和为 32，所以

第二个数为：(32 − 2) ÷ 2 = 15；

第三个数为：15 + 2 = 17；

第一个数为：15 − 2 = 13.

(2) 五个连续奇数的和是 85，其中最大的数是______，最小的数是______.

【解】　如图 1-2 所示，又知五个连续奇数的和是 85，则第 3 个数为：85 ÷ 5 = 17；

所以，最大的数为：17 + 4 = 21；

最小的数为：17 − 4 = 13.

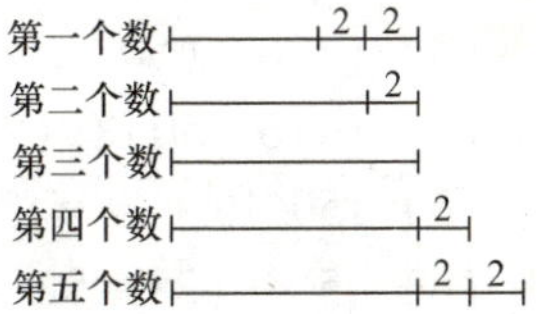

图 1-2

练一练

填写合适的数字.

(1) 2，4，6，8，10，______ 14，16，…；

(2) 1，3，5，7，9，11，13，____，17，….

5. 质数与合数　把空白处填好，你就归纳好重点啦.

质数：一个数除了 1 和本身之外，不再有其他的约数的正整数. 质数亦称素数. 例如______________________.

合数：一个数除了 1 和本身之外，还有其他的约数的正整数.

例如______________________.

温馨提示

1. 所有质数中只有 2 是偶数，其余都是奇数.
2. 1 既不是质数，也不是合数.

例 6　两个质数的和为 99，这两个质数分别是多少？

【解】　两个质数的和为 99（奇数），说明其中有一个质数是偶数，因此是

2，则另一个为97.

例7 A、B、C 为三个质数，$A+B=18$，$B+C=24$，且 $A<B<C$，求这三个质数.

【解】 $A+B=18$，A、B 均为质数．若 A 是5，则 B 是13；或若 A 是7，则 B 是11.

又因为 $B+C=24$，若 $B=13$，有 $C=11$，则不合题意.

所以 $A=7$，$B=11$，$C=13$ 即为所求.

习　题

1. 计算：先比较下列各题的运算顺序，再计算.

(1) $116-50/25+8\times2$；

(2) $116-(50/25+8)\times2$；

(3) $[116-(50/25+8)]\times2$；

(4) $(116-50)/[(25+8)\times2]$；

(5) $150/15+42\times13-239$；

(6) $45\times[(28+52/13)-24]$；

(7) $160/[(14\times3-22)\times4]$；

(8) $(320+180)/(190-28\times5)$；

(9) $170+63/9-23\times6$；

(10) $[(61-46)\times4+12]/9$；

(11) $44\times[28-240/(27+53)]$；

(12) $[100-5\times(48-36)]/8$；

(13) $[15+(362-180)/14]\times20$；

(14) $10-[800/(36+44)]/10$.

2. 引入：添上＋、－、×、/或（　），使下列各式成立.

(1) 2　　6　　3　　4 = 24；

(2) 3　　6　　2　　4 = 24；

(3) 6　　4　　3　　2 = 24；

(4) 4　　6　　3　　2 = 24；

(5) 6　　4　　2　　3 = 24；

(6) 4　　2　　3　　6 = 24；

3. 两个质数的和是45，这两个数的积是多少？

4. A、B、C 为三个小于20的质数，$A+B+C=30$，且 $A<B<C$，求这三个质数.

俄国数学家辛钦（A. Ya. Shinchin）曾经评论说，哥德巴赫猜想是王冠上的

一颗明珠. 何谓哥德巴赫猜想? 猜想是说, 大于等于4的偶数一定是两个素数的和. 很遗憾, 偶数的哥德巴赫猜想到现在都没有得到证明. 但是, 数学家们从各个方向逼近这个猜想, 并且取得了辉煌的成就.

因为历史的机缘巧合, 哥德巴赫猜想居然成了家喻户晓的一个名词. 这个词代表了一段传奇, 代表了一代人的集体记忆, 也代表了一个民族的光荣与梦想. 直到今天, 仍然有难以计数的大学老师、中学老师, 甚至工人、农民, 为哥德巴赫猜想着迷.

1.1.2　有理数

知识链接

有理数的分类:

有理数 Q { 整数 Z { 正整数; 零; 负整数 }; 分数 (有限小数或无限循环小数) }

知识梳理

1. 分数　把空白处填好, 你就归纳好重点啦.

$\frac{7}{8}$里有______个$\frac{1}{8}$; $\frac{7}{13}$里有_______个$\frac{1}{13}$;

4个$\frac{1}{5}$是__________; 12个$\frac{1}{12}$是_______.

例8　男生人数占全班人数的$\frac{3}{5}$, 请解释其含义.

【解】　男生人数占全班人数的$\frac{3}{5}$, 表示把“全班人数”看做单位“1”, 平均分成5份, 男生人数占其中的3份.

例9　比较大小.

$\frac{1}{2}$____$\frac{1}{4}$; $\frac{3}{4}$____$\frac{1}{4}$; $\frac{5}{13}$____$\frac{6}{13}$; $\frac{4}{25}$____$\frac{7}{25}$.

【解】　$\frac{1}{2}>\frac{1}{4}$; $\frac{3}{4}>\frac{1}{4}$; $\frac{5}{13}<\frac{6}{13}$; $\frac{4}{25}<\frac{7}{25}$.

例 10 比较$\frac{3}{4}$，$\frac{6}{8}$和$\frac{9}{12}$的大小.

【解】 $\frac{3}{4}$的分子分母同乘 2，得$\frac{3}{4}=\frac{3\times 2}{4\times 2}=\frac{6}{8}$，同理，$\frac{3}{4}=\frac{3\times 3}{4\times 3}=\frac{9}{12}$，所以$\frac{3}{4}=\frac{6}{8}=\frac{9}{12}$.

> **温馨提示**
>
> 分数的基本性质：分数的分子和分母都乘或除以相同的数（0 除外），分数的大小不变.

例 11 比较$\frac{18}{30}$，$\frac{9}{15}$，$\frac{3}{5}$的大小.

【解】 $\frac{18}{30}$的分子、分母有公约数 2，用 2 去除分子、分母得

$$\frac{18}{30}=\frac{18\div 2}{30\div 2}=\frac{9}{15}.$$

同理，$\frac{9}{15}=\frac{9\div 3}{15\div 3}=\frac{3}{5}$. 所以$\frac{18}{30}=\frac{9}{15}=\frac{3}{5}$.

> **温馨提示**
>
> 像这样，把一个分数的分子和分母同时除以它们的公约数（1 除外），化成和原来分数相等的分数，叫作约分.

约分：

$\frac{25}{10}$，$\frac{40}{12}$，$\frac{65}{13}$，$\frac{150}{60}$，$\frac{45}{9}$，$\frac{49}{14}$，$\frac{150}{130}$，$\frac{90}{54}$.

合作学习

比较$\frac{3}{4}$与$\frac{5}{6}$的大小.

思考：$\frac{3}{4}$与$\frac{5}{6}$分母分子都不同，不容易直接比大小，通常要先通分，再比较大小.

$$\frac{3}{4}=\frac{3\times3}{4\times3}=\frac{9}{12}，\frac{5}{6}=\frac{5\times2}{6\times2}=\frac{10}{12}.$$

因为$\frac{9}{12}<\frac{10}{12}$，所以$\frac{3}{4}<\frac{5}{6}$.

把异分母分数分别化成和原来分数相等的同分母分数，叫做通分.

总结通分的方法：先求出原来几个分母的最小公倍数，然后把各分数化成用这个最小公倍数作分母的分数.

2. 分数的加法和减法

（1）同分母分数加减法

把空白处填好，你就归纳好重点啦.

如图 1-3 所示，$\frac{2}{7}+\frac{3}{7}=$________.

$$\frac{7}{12}-\frac{5}{12}=\frac{7-5}{12}=\frac{2}{12}=\frac{1}{6}.$$

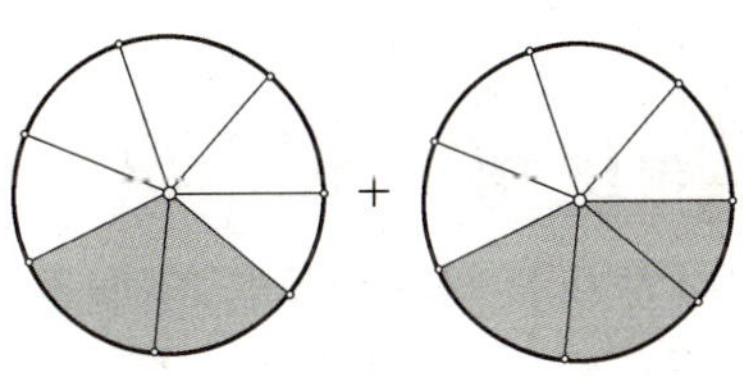

图 1-3

温馨提示

同分母分数相加减，只把分子相加减，分母不变.

计算：

1. $\frac{2}{5}+\frac{1}{5}$；$\frac{4}{11}+\frac{5}{11}$；$\frac{7}{25}+\frac{8}{25}$；$\frac{1}{6}+\frac{2}{6}$；

$\frac{4}{7}+\frac{5}{7}$；$\frac{11}{12}+\frac{5}{12}$；$\frac{19}{20}+\frac{1}{20}$；$\frac{8}{15}+\frac{4}{15}$.

2. $\frac{9}{13}-\frac{2}{13}$；$\frac{5}{6}-\frac{1}{6}$；$\frac{9}{10}-\frac{7}{10}$；$\frac{13}{16}-\frac{9}{16}$；

$\frac{5}{14}-\frac{3}{14}$；$\frac{17}{18}-\frac{5}{18}$；$\frac{8}{9}-\frac{2}{9}$；$\frac{14}{15}-\frac{14}{15}$.

温馨提示

计算结果，能约分的要约分，假分数保留（初中、高中不用带分数）.

（2）异分母分数加减法 把空白处填好，你就归纳好重点啦.

$\frac{7}{12}$和$\frac{5}{8}$通分为______和__________；$\frac{2}{3}$和$\frac{3}{4}$通分为______和__________；

$\frac{4}{5}$和$\frac{9}{20}$通分为______和__________；$\frac{1}{2}$和$\frac{1}{3}$通分为______和__________.

例 12 计算（1）$\frac{2}{3}+\frac{1}{4}$；（2）$\frac{3}{10}-\frac{2}{15}$.

【分析】 分母不同，不能直接相加减怎么办？先转为同分母分数，再加减.

【解】（1）$\frac{2}{3}+\frac{1}{4}=\frac{8}{12}+\frac{3}{12}=\frac{11}{12}$.

（2）$\frac{3}{10}-\frac{2}{15}=\frac{9}{30}-\frac{4}{30}=\frac{5}{30}=\frac{1}{6}$.

练一练

$\frac{7}{10}+\frac{7}{15}$；$\frac{2}{3}-\frac{1}{12}$；$\frac{1}{5}+\frac{1}{8}$；$\frac{2}{5}-\frac{1}{3}$.

温馨提示

异分母分数加减，先通分，然后按照同分母加减法的方法进行计算.

3. 分数的乘法

（1）分数乘以整数　把空白处填好，你就归纳好重点啦.

计算：

$\frac{1}{4}\times 3=$______；$\frac{2}{11}\times 5=$______；$\frac{9}{20}\times 12=$______；$\frac{4}{15}\times 25=$______.

分数乘以整数，用分数的分子和整数相乘的积作为分子，分母不变，为了计算简便，一般先约分，然后再相乘.

计算：

1. $\frac{1}{8}\times 5$；$\frac{2}{5}\times 4$；$\frac{3}{13}\times 3$；$\frac{2}{11}\times 2$；

   $\frac{9}{16}\times 3$；$\frac{2}{7}\times 2$；$\frac{1}{14}\times 9$；$\frac{3}{17}\times 5$.

2. $\frac{8}{9}\times 9$；$\frac{3}{4}\times 6$；$\frac{4}{7}\times 14$；$\frac{4}{15}\times 3$；

   $\frac{13}{36}\times 24$；$\frac{4}{27}\times 8$；$\frac{3}{8}\times 20$；$\frac{7}{18}\times 12$.

（2）分数乘以分数　把空白处填好，你就归纳好重点啦.

$\frac{3}{8}\times\frac{4}{9}=$______；$\frac{7}{15}\times\frac{9}{14}=$______；$\frac{5}{9}\times 6=$______；$12\times\frac{3}{8}=$______.

整数都可以看成分母是1的分数.

分数乘以分数是分子和分子相乘，分母和分母相乘.

计算：

$\frac{5}{6}\times\frac{4}{7}$；$\frac{3}{8}\times\frac{8}{9}$；$\frac{16}{19}\times\frac{19}{24}$；$\frac{13}{20}\times\frac{15}{26}$；

$\frac{7}{8}\times\frac{3}{14}$；$\frac{19}{32}\times 12$；$5\times\frac{7}{24}$；$\frac{5}{7}\times\frac{5}{6}$.

分数乘法中有带分数的，通常先把带分数化成假分数，然后再按分数乘法的法则计算.

温馨提示

分数与小数相乘，一般把小数化成分数后再计算；当分母与小数能被同一个数除尽时，也可以直接相乘.

如 $1\frac{1}{7}\times 4.2 = 1\frac{1}{7}\times 4\frac{1}{5} = \frac{8}{7}\times\frac{21}{5} = 4\frac{4}{5}$；

或 $1\frac{1}{7}\times 4.2 = \frac{8}{7}\times 4.2 = 4.8$.

4. 分数的除法 把空白处填好，你就归纳好重点啦.

温馨提示

分数的除法的意义与整数除法的意义相同，就是已知两个因数的积与其中的一个因数，求另一个因数的运算.

如，由 $\frac{2}{5}\times 3 = \frac{6}{5}$，得 $\frac{6}{5}\div$____ $=\frac{2}{5}$；____ $\div\frac{2}{5} = 3$.

温馨提示

分数的除法，等于分数乘以这个数的倒数.

计算：

1. $\frac{5}{6}\div 3$；$\frac{12}{13}\div 4$；$\frac{4}{5}\div 2$；$\frac{5}{9}\div 7$；

$\frac{12}{13}\div 6$；$\frac{14}{15}\div 5$；$\frac{7}{9}\div 3$；$\frac{3}{10}\div 5$.

2. $4\div\frac{5}{7}$；$1\div\frac{12}{13}$；$6\div\frac{2}{7}$；$2\div\frac{2}{5}$；

$7\div\frac{3}{4}$；$3\div\frac{2}{3}$；$5\div\frac{1}{3}$；$2\div\frac{11}{12}$.

5. 分数、小数四则混合运算

分数、小数四则混合运算的运算顺序和整数四则混合运算的运算顺序相同.

例 13　计算：$2\frac{7}{10}\times\frac{5}{9}+3\frac{1}{3}\div\frac{8}{9}$.

【解】　原式 $=\frac{27}{10}\times\frac{5}{9}+\frac{10}{3}\times\frac{9}{8}$

$=1\frac{1}{2}+3\frac{3}{4}=1\frac{2}{4}+3\frac{3}{4}=5\frac{1}{4}$.

计算：

1. $\frac{8}{9}+\frac{2}{9}$；$12\times\frac{3}{4}$；$2-1\frac{1}{6}$；$4\frac{2}{3}\times 0$；

$\frac{15}{16}\div\frac{5}{8}$；$5\frac{1}{3}-2\frac{1}{3}$；$\frac{2}{11}\div 2$；$0\div\frac{5}{7}$.

2. $2\frac{1}{3}+1\frac{1}{3}\times 2\frac{7}{10}$；$6\frac{3}{4}-1\frac{2}{7}\times\frac{2}{3}$；

$2\frac{2}{9}-\frac{2}{9}\times 2+1\frac{1}{2}$；$\frac{1}{5}\div\frac{1}{5}-\frac{1}{5}\times\frac{1}{5}$.

习　　题

1. 通分：

$\frac{2}{3}$与$\frac{5}{6}$；$\frac{1}{2}$与$\frac{1}{3}$；$1\frac{1}{4}$与$3\frac{1}{20}$；$\frac{7}{54}$与$\frac{5}{18}$.

2. 比较大小：

$\frac{2}{7}$与$\frac{5}{7}$；$\frac{2}{3}$与$\frac{2}{9}$；$\frac{5}{12}$与$\frac{3}{8}$；$2\frac{5}{12}$与$2\frac{3}{4}$；

$\frac{6}{11}$和$\frac{17}{33}$；$\frac{5}{14}$和$\frac{8}{21}$；$\frac{8}{25}$和$\frac{4}{15}$；$1\frac{5}{7}$和$1\frac{7}{9}$.

3. 通分（口答）：

$\frac{1}{5}$和$\frac{1}{4}$；$\frac{1}{6}$和$\frac{3}{4}$；$\frac{2}{3}$和$\frac{1}{6}$；$\frac{7}{12}$和$\frac{5}{6}$；$\frac{3}{8}$和$\frac{5}{6}$.

4. 计算：

$\frac{5}{6}+\frac{1}{10}$；$\frac{2}{15}+\frac{7}{10}$；$\frac{7}{8}+\frac{8}{9}$；$\frac{7}{20}+\frac{1}{5}$；

$\frac{8}{9}+\frac{1}{6}$；$\frac{3}{4}+\frac{1}{7}$；$\frac{5}{6}+\frac{1}{8}$；$\frac{7}{10}+\frac{11}{12}$；

$\frac{3}{5}-\frac{1}{3}$；$\frac{4}{15}-\frac{1}{6}$；$\frac{5}{12}-\frac{7}{18}$；$\frac{2}{7}-\frac{1}{14}$；

$\frac{5}{9}-\frac{2}{5}$；$\frac{4}{5}-\frac{2}{15}$；$\frac{7}{8}-\frac{5}{6}$；$\frac{1}{2}-\frac{5}{14}$.

5. 计算：

$\frac{1}{8}+\frac{5}{6}$；$\frac{7}{20}-\frac{4}{15}$；$\frac{5}{12}+\frac{1}{4}$；$\frac{6}{7}-\frac{5}{6}$；

6. 计算：

$1-\frac{5}{9}$；$1-\frac{7}{20}$；$\frac{5}{8}-\frac{1}{2}$；$\frac{1}{3}+\frac{3}{4}$；

$\frac{1}{4}+\frac{2}{5}$；$\frac{2}{5}-\frac{3}{10}$；$\frac{3}{16}+\frac{5}{8}$；$\frac{7}{12}-\frac{1}{6}$.

7. 计算：

$1\frac{7}{8}\times12$；$2\frac{2}{5}\times1\frac{1}{4}$；$\frac{8}{11}\times2\frac{5}{14}$；$4\frac{1}{5}\times2\frac{1}{7}$.

8. 计算：

$\frac{7}{18}\div\frac{14}{15}$；$\frac{20}{21}\div5$；$8\div\frac{12}{13}$；$\frac{8}{21}\div\frac{2}{7}$；

$\frac{5}{6}\div\frac{2}{3}$；$\frac{7}{15}\div\frac{1}{15}$；$\frac{3}{4}\div\frac{1}{12}$；$\frac{5}{6}\div\frac{3}{10}$.

9. 计算：

$4\frac{2}{7}\div1\frac{11}{14}$；$18\div2\frac{2}{5}$；$3\frac{1}{9}\div\frac{7}{9}$；$6\frac{3}{5}\div\frac{3}{5}$；

$16\div1\frac{3}{5}$；$4\frac{2}{7}\div5$；$1\frac{1}{12}\div9\frac{3}{4}$；$2\frac{1}{10}\div1\frac{2}{3}$.

10. 计算：

$16-(9\frac{2}{3}+\frac{1}{3}\div\frac{1}{12})$；$\left(3\frac{2}{5}-2\frac{2}{3}\times\frac{3}{4}\right)\div4\frac{1}{5}$；

$\left[\left(6\frac{1}{2}-\frac{2}{3}\right)\div3\frac{1}{2}-1\frac{8}{15}\right]\times7\frac{1}{2}$；$\frac{5}{6}\times\left(2\div\frac{5}{8}-3\right)$.

11. 计算：

$\left(4.5\times\frac{5}{6}+1\frac{4}{5}\div0.3\right)\div0.6$；$4.3-\left(\frac{3}{5}+2.4\div2\frac{2}{3}\right)$；

$6.3\times\left[\left(1.4+\frac{1}{3}\right)\div0.5-1\frac{1}{6}\right]$；$0.5\times\left(\frac{1}{2}+0.3\right)+\frac{1}{4}\times0.16$.

1.1.3　实数

有理数和无理数一起统称为实数. 在实数范围内对各种数的研究使数学理论达到了相当高深和丰富的程度.

引起数学危机的是无理数. 无理数，顾名思义，与有理数相对. 如果不作数学计算，在实际生活中，我们是不会碰到这些数的. 无论是度量长度，重量，还是计时.

第一个被发现的无理数是$\sqrt{2}$，当时，毕达哥拉斯学派的一个名叫希帕索斯的学生，在研究边长为1的正方形时，设对角线为x，于是他想，x代表对角线长，那么x必定是确定的数. 但它不能用整数或者分数表示. 毕达哥拉斯学派用归纳法证明了，这个数不是有理数，而是无理数. 无理数的发现，对以整数为基础的毕氏哲学，是一次致命的打击，以至于有一段时间，他们费了很大的精力，将此事保密，不准外传，并且将希帕索斯也扔到大海中淹死了. 但是，人们很快发现了更多的无理数，随着时间的推移，无理数的存在已成为人所共知的事实. 无理数的发现，是毕氏学派最伟大成就之一，也是数学史上的重要里程碑.

1. 实数的分类　把空白处填好，你就归纳好重点啦.

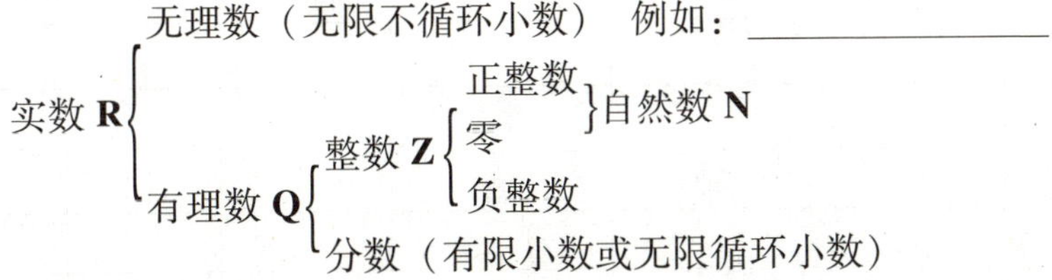

有限小数：如1.2，1.3，0.7，0.7878，0.787923等

无限小数 $\begin{cases}\text{无限循环小数：}0.\dot{3}=\dfrac{1}{3}，\dfrac{1}{7}=0.\dot{1}4285\dot{7}\text{等}\\ \text{无限不循环小数：}\sqrt{2}=1.414\cdots，\sqrt{3}=1.732\cdots，\pi=3.1415926\cdots\text{等}\end{cases}$

2. 正数，负数，数轴，相反数 把空白处填好，你就归纳好重点啦.

实数 $\begin{cases}\text{正数（大于 0 的数）　例如：}\_\_\_\_\_\_\_\_\_\_\_\_\\ \text{零}\\ \text{负数（小于 0 的数）　例如：}\_\_\_\_\_\_\_\_\_\_\_\_\end{cases}$

非负数 a 是指 $a \geqslant 0$. 一个数的绝对值是一个非负数.

数轴：数轴以“0”为“界”，右边表示正数，左边表示负数，右边的数比左边的数大.

相反数：两个数只有符号不同，称其中一个为另一个数的相反数.

例如：3 和 -3，2 和 -2，1 和 -1.

数轴上的互为相反数的两个点，位于原点的两侧且与原点距离相等. 它们的和是 0.

例 14 下列给出的各数，哪些是正数？哪些是负数？哪些是分数？哪些是有理数？

7.3； -8.9； 3； $+\dfrac{9}{8}$； 0； -0.33； -5.

判断表中各数分别是什么数，在相应的空格打“√”.

	正整数	整数	分数	正数	负数	有理数
-3.8						
765						
$\dfrac{7}{2}$						
0						
-9						

3. 绝对值　把空白处填好，你就归纳好重点啦.

在数轴上一个数所对应的点与原点的距离叫该数的________.

$|+2|=2$；$|-2|=2$；$|0|=0$.

互为相反数的两个数的绝对值__________.

(1) $|-21|=$______________；(2) $|0|=$______________；

(3) $\left|+\frac{4}{9}\right|=$______________；(4) $|-7.2|=$______________.

温馨提示

正数的绝对值是它的本身；负数的绝对值是它的相反数；
0的绝对值是0；互为相反数的两个数的绝对值相等.

讨论：$|a|=$？

$$|a|=\begin{cases}a, & a>0\\0, & a=0\\-a, & a<0\end{cases}$$

例如，$a=3$时，$|a|=|3|=3=a$；$a=-3$时，$|a|=|-3|=3=-a$.

4. 根式（＊）

(1) 平方根：若$x^2=a(a>0)$，则x叫做a的平方根，记为$\pm\sqrt{a}$.

注意：①正数的平方根有两个，它们互为相反数；② 0的平方根是0；③负数没有平方根.

(2) 算术平方根：一个数的正的平方根叫做算术平方根.

(3) 立方根：若$x^3=a$，则x叫做a的立方根，记为$\sqrt[3]{a}$.

(4) 同类二次根式：化简后被开方数相同的二次根式.

(5) 二次根式的性质：

1) $\sqrt{a}(a\geqslant 0)$是一个非负数；　　2) $(\sqrt{a})^2=a(a\geqslant 0)$；

3) $(\sqrt{a})^2=|a|=\begin{cases}a & (a>0)\\0 & (a=0)\\-a & (a<0)\end{cases}$；　　4) $\sqrt{\frac{a}{b}}=\frac{\sqrt{a}}{\sqrt{b}}(a\geqslant 0, b>0)$；

5) $\sqrt{ab}=\sqrt{a}\cdot\sqrt{b}(a\geqslant 0, b\geqslant 0)$.

(6) 二次根式的运算：(1) 加、减；(2) 乘、除.

例 15 计算：

(1) $\left(\sqrt{\frac{3}{2}}\right)^2$；(2) $(3\sqrt{5})^2$；(3) $\left(\sqrt{\frac{5}{6}}\right)^2$；(4) $\left(\frac{\sqrt{7}}{2}\right)^2$.

【分析】 我们可以直接利用 $(\sqrt{a})^2=a(a\geqslant 0)$ 的结论解题.

【解】 (1) $\left(\sqrt{\frac{3}{2}}\right)^2=\frac{3}{2}$. (2) $(3\sqrt{5})^2=3^2\times(\sqrt{5})^2=3^2\times 5=45$.

(3) $\left(\sqrt{\frac{5}{6}}\right)^2=\frac{5}{6}$. (4) $\left(\frac{\sqrt{7}}{2}\right)^2=\frac{(\sqrt{7})^2}{2^2}=\frac{7}{4}$.

例 16 化简：

(1) $\sqrt{9}$；(2) $\sqrt{(-4)^2}$；(3) $\sqrt{25}$；(4) $\sqrt{(-3)^2}$.

【分析】 因为 (1) $9=3^2$，(2) $(-4)^2=4^2$，(3) $25=5^2$，(4) $(-3)^2=3^2$，所以都可运用 $\sqrt{a^2}=a(a\geqslant 0)$ 去化简.

【解】 (1) $\sqrt{9}=\sqrt{3^2}=3$. (2) $\sqrt{(-4)^2}=\sqrt{4^2}=4$.

(3) $\sqrt{25}=\sqrt{5^2}=5$. (4) $\sqrt{(-3)^2}=\sqrt{3^2}=3$.

例 17 计算：

(1) $\sqrt{5}\times\sqrt{7}$；(2) $\sqrt{\frac{1}{3}}\times\sqrt{9}$；(3) $\sqrt{9}\times\sqrt{27}$；(4) $\sqrt{\frac{1}{2}}\times\sqrt{6}$.

【分析】 直接利用 $\sqrt{a}\cdot\sqrt{b}=\sqrt{ab}(a\geqslant 0,\ b\geqslant 0)$ 计算即可.

【解】 (1) $\sqrt{5}\times\sqrt{7}=\sqrt{35}$.

(2) $\sqrt{\frac{1}{3}}\times\sqrt{9}=\sqrt{\frac{1}{3}\times 9}=\sqrt{3}$.

(3) $\sqrt{9}\times\sqrt{27}=\sqrt{9\times 27}=\sqrt{9^2\times 3}=9\sqrt{3}$.

(4) $\sqrt{\frac{1}{2}}\times\sqrt{6}=\sqrt{\frac{1}{2}\times 6}=\sqrt{3}$.

例 18 化简：

(1) $\sqrt{9\times 16}$；(2) $\sqrt{16\times 81}$；(3) $\sqrt{81\times 100}$；

(4) $\sqrt{9x^2y^2}$ $(x\geqslant 0,\ y\geqslant 0)$；(5) $\sqrt{54}$.

【分析】 利用 $\sqrt{ab}=\sqrt{a}\cdot\sqrt{b}(a\geqslant 0,\ b\geqslant 0)$ 直接化简即可.

【解】 (1) $\sqrt{9\times 16}=\sqrt{9}\times\sqrt{16}=3\times 4=12$.

（2）$\sqrt{16\times81}=\sqrt{16}\times\sqrt{81}=4\times9=36.$

（3）$\sqrt{81\times100}=\sqrt{81}\times\sqrt{100}=9\times10=90.$

（4）$\sqrt{9x^2y^2}=\sqrt{3^2}\times\sqrt{x^2y^2}=\sqrt{3^2}\times\sqrt{x^2}\times\sqrt{y^2}=3xy.$

（5）$\sqrt{54}=\sqrt{9\times6}=\sqrt{3^2}\times\sqrt{6}=3\sqrt{6}.$

例19　计算：

（1）$\frac{\sqrt{12}}{\sqrt{3}}$；（2）$\sqrt{\frac{3}{2}}\div\sqrt{\frac{1}{8}}$；（3）$\sqrt{\frac{1}{4}}\div\sqrt{\frac{1}{16}}$；（4）$\frac{\sqrt{64}}{\sqrt{8}}$.

【分析】　此题利用$\frac{\sqrt{a}}{\sqrt{b}}=\sqrt{\frac{a}{b}}$（$a\geqslant0$，$b>0$）便可直接得出答案.

【解】　（1）$\frac{\sqrt{12}}{\sqrt{3}}=\sqrt{\frac{12}{3}}=\sqrt{4}=2.$

（2）$\sqrt{\frac{3}{2}}\div\sqrt{\frac{1}{8}}=\sqrt{\frac{3}{2}\div\frac{1}{8}}=\sqrt{\frac{3}{2}\times8}=\sqrt{3\times4}=\sqrt{3}\times2=2\sqrt{3}.$

（3）$\sqrt{\frac{1}{4}}\div\sqrt{\frac{1}{16}}=\sqrt{\frac{1}{4}\div\frac{1}{16}}=\sqrt{\frac{1}{4}\times16}=\sqrt{4}=2.$

（4）$\frac{\sqrt{64}}{\sqrt{8}}=\sqrt{\frac{64}{8}}=\sqrt{8}=2\sqrt{2}.$

例20　化简：（a，b，x，y均为正数）

（1）$\sqrt{\frac{3}{64}}$；（2）$\sqrt{\frac{64b^2}{9a^2}}$；（3）$\sqrt{\frac{9x}{64y^2}}$；（4）$\sqrt{\frac{5x}{169y^2}}$.

【分析】　直接利用$\sqrt{\frac{a}{b}}=\frac{\sqrt{a}}{\sqrt{b}}$（$a\geqslant0$，$b>0$）就可以达到化简之目的.

【解】　（1）$\sqrt{\frac{3}{64}}=\frac{\sqrt{3}}{\sqrt{64}}=\frac{\sqrt{3}}{8}.$

（2）$\sqrt{\frac{64b^2}{9a^2}}=\frac{\sqrt{64b^2}}{\sqrt{9a^2}}=\frac{8b}{3a}.$

（3）$\sqrt{\frac{9x}{64y^2}}=\frac{\sqrt{9x}}{\sqrt{64y^2}}=\frac{3\sqrt{x}}{8y}.$

（4）$\sqrt{\frac{5x}{169y^2}}=\frac{\sqrt{5x}}{\sqrt{169y^2}}=\frac{\sqrt{5x}}{13y}.$

习　题

1. 计算：$\frac{1}{1\times2}+\frac{1}{2\times3}+\frac{1}{3\times4}+\frac{1}{4\times5}$.

2. 计算：$\frac{1}{10\times11}+\frac{1}{11\times12}+\frac{1}{12\times13}+\frac{1}{13\times14}$.

3. 计算：$\frac{1}{1\times3}+\frac{1}{3\times5}+\frac{1}{5\times7}+\frac{1}{7\times9}$.

4. 下面说法是否正确，请将错误的改正过来.

（1）有理数的绝对值一定比0大；

（2）有理数的相反数一定比0小；

（3）如果两个数的绝对值相等，那么这两个数相等；

（4）互为相反数的两个数的绝对值相等.

5. 回答下列问题：

（1）如果数 a 的绝对值等于 a，那么 a 可能是正数吗？可能是零吗？可能是负数吗？

（2）如果数 a 的绝对值大于 a，那么 a 可能是正数吗？可能是零吗？可能是负数吗？

（3）一个数的绝对值可能小于它本身吗？

6. 计算：

（1）$|-9|+|-1|$；（2）$|-10|-|-8|$.

7. 计算：

（1）$(\sqrt{9})^2$；（2）$(\sqrt{3})^2$；（3）$\left(\frac{1}{2}\sqrt{6}\right)^2$；（4）$\left(-3\sqrt{\frac{2}{3}}\right)^2$；

（5）$(2\sqrt{3}+3\sqrt{2})(2\sqrt{3}-3\sqrt{2})$.

8. 计算：

（1）$\sqrt{16}\times\sqrt{8}$；（2）$3\sqrt{6}\times2\sqrt{10}$；（3）$\sqrt{5a}\times\sqrt{\frac{1}{5}ay}(a>0,\ y>0)$.

9. 化简：

$\sqrt{20}$；$\sqrt{18}$；$\sqrt{24}$；$\sqrt{54}$；$\sqrt{12a^2b^2}$ $(a>0,\ b>0)$.

10. 计算：

（1）$\frac{n}{m}\sqrt{\frac{n}{2m^3}}\times\left(-\frac{1}{m}\sqrt{\frac{n^3}{m^3}}\right)\div\sqrt{\frac{n}{2m^3}}$ $(m>0,\ n>0)$；

（2）$-3\sqrt{\frac{3m^2-3n^2}{2a^2}}\div\left(\frac{3}{2}\sqrt{\frac{m+n}{a^2}}\right)\times\sqrt{\frac{a^2}{m-n}}$ $(a>0)$.

项目1.2　式的运算

1.2.1　基本概念

知识梳理　把空白处填好，你就归纳好重点啦.

1. 由数与字母或字母与字母相乘组成的代数式叫________，单独一个数或一个字母也叫单项式，如0，-1，a.

2. 单项式的系数：单项式中的数字因数叫做这个单项式的____，如$-3x$的系数是-3，ab的系数是____.

3. 一个单项式中，所有字母的指数的和叫做这个单项式的____，如：$-3x$的次数是1，ab的次数是____.

4. 由几个单项式相加组成的代数式叫______，如a^2+3a-2.

5. 在多项式中，每个单项式叫______.

6. 不含字母的项叫做____.

7. 次数最高的项的次数就是这个多项式的______，例如：a^2+3a-2的项有a^2，$3a$，-2三项，常数项是-2，次数最高的项a^2的次数是2，a^2+3a-2称为____次多项式，而m^3+m+5为____次多项式，以此类推.

8. 单项式、多项式统称为______.

习　　题

1. 下列代数式中，哪些是整式？哪些是单项式？哪些是多项式？

$\frac{a}{2}$；$\frac{2}{a}$；$-2xy^2$；$\frac{1}{x+y}$；$\sqrt{3}a$；π.

2. 下列多项式各由哪些项组成？每一项的系数是什么？各项的次数分别是多少？

（1）$7xc+4y$；（2）$-2x^2+2x$；（3）$bc-b+c$.

1.2.2　合并同类项

把空白处填好，你就归纳好重点啦.

1. 多项式中，所含字母相同，并且相同字母的指数也相同的项，叫做____. 所有常数项也看做____.

2. 把多项式中的同类项合并成____项，叫做合并同类项.

3. 合并同类项的法则：把同类项的系数相加，所得结果作为____，字母和字母的指数____.

下列各组中的两项是不是同类项？

（1）$2a^2b$ 与 $2ab^2$____________；（2）$3xy$ 与 $-\frac{1}{2}xy$____________；

（3） -2.1 与$\frac{3}{4}$____________；（4）$2a$ 与 $2ab$____________.

例 21 已知 $a=-\frac{1}{2}$，$b=4$，求多项式 $2a^2b-3a-3a^2b+2a$ 的值.

【解】 $2a^2b-3a-3a^2b+2a$

$=(2a^2b-3a^2b)+(-3a+2a)$

$=-a^2b-a$

把 $a=-\frac{1}{2}$，$b=4$ 代入上式得

原式 $=-a^2b-a=-\left(-\frac{1}{2}\right)^2\times4-\left(-\frac{1}{2}\right)=-\frac{1}{2}$.

先合并同类项，再求代数式的值.

（1）$2x-7y-5x+11y-1$，其中 $x=-\frac{1}{6}$，$y=\frac{1}{4}$；

（2）$5a^2+2ab-4a^2-4ab$，其中 $a=2$，$b=-\sqrt{2}$.

习　　题

1. 合并同类项：

（1）$3x-8x-9x$；　　（2）$-3x+4y+7x-\frac{1}{2}y$；

（3）$3ab-4a+2ab-5a-1$；　（4）$5xy^2+3x^2y-xy^2-2x^2y-1$.

2. 求当 $a=\sqrt{3}$，$b=-1$ 时，代数式 $-2a^2b-a^2+3ba^2+a^2$的值.

3. 将 m 元按一年期定期储蓄存入银行，假设年利率为 r，利息税税率为 5%，用字母 m 和 r 的代数式表示到期时的实得本利和（扣除利息税）.

1.2.3　整式的加减

把空白处填好，你就归纳好重点啦.

1. 整式的加减可以归结为去____和合并____.

2. 去括号法则：括号前是“+”号，把括号和它前面的“+”号去掉，括号里各项都____号；括号前是“-”号，把括号和它前面的“-”号去掉，括号里各项都____号.

例22 化简并求值：$2(a^2-ab)-3\left(\frac{2}{3}a^2-ab\right)$，其中 $a=-2$，$b=3$.

【解】 原式 $=2a^2-2ab-2a^2+3ab=ab$.

当 $a=-2$，$b=3$ 时，原式 $=ab=(-2)\times3=-6$.

例23 求整式 $3x+4y$ 与 $2x-2y-1$ 的和与差.

【解】 $(3x+4y)+(2x-2y-1)=3x+4y+2x-2y-1=5x+2y-1$.

$(3x+4y)-(2x-2y-1)=3x+4y-2x+2y+1=x+6y+1$.

1. (1) $\frac{3}{2}x^2-\left(-\frac{1}{2}x^2\right)+(-2x^2)$；

(2) $2(x-3x^2+1)-3(2x^2x-2)$.

2. 先化简，再求值.

(1) $5x-[3x-2(2x-3)]$，其中 $x=\frac{1}{2}$；

(2) $5(3a^2-ab^2)-(ab^2+3a^2b)$，其中 $a=\frac{1}{2}$，$b=-1$.

习 题

1. 设 $A=2a^2-a$，$B=-a^2-a$，求：(1) $A+B$；(2) $A-B$.

2. 先化简，再求值.

$(2x^2+x)-[4x^2-(3x^2-x)]$，其中 $x=-\frac{5}{3}$.

3. 求当 $x=4$，$y=-\frac{2}{3}$时，代数式 $2\left(\frac{1}{2}x^2-3xy\right)-(2x^2-7xy-2y^2)$的值.

*4. 甲、乙两个油桶中装有体积相等的油，先把甲桶的油倒一半到乙桶，再把乙桶的油倒出$\frac{1}{3}$给甲桶，问结果哪个桶中的油多？

1.2.4 多项式的乘法，乘法公式

知识梳理 把空白处填好，你就归纳好重点啦.

1. 多项式的乘法：$(a+n)(b+m)=$____________.
2. 平方差公式：$(a+b)(a-b)=$____________.
3. 完全平方式：（1）$(a+b)^2=a^2+2ab+$________;

（2）$(a-b)^2=a^2$____________.

例 24 利用多项式的乘法，推出平方差公式和完全平方公式.

【解】 略.

例 25 先化简，再求值.

$(2a-3)(3a+1)-6a(a-4)$，其中 $a=\frac{2}{17}$.

【解】 $(2a-3)(3a+1)-6a(a-4)=6a^2+2a-9a-3-6a^2+24a=17a-3$.

当 $a=\frac{2}{17}$时，原式 $=17\times\frac{2}{17}-3=-1$.

例 26 利用平方差公式计算.

（1）$(3x+5y)(3x-5y)$；（2）$\left(\frac{1}{2}b+a\right)\left(-\frac{1}{2}b+a\right)$.

【解】 （1）原式 $=(3x)^2-(5y)^2=9x^2-25y^2$.

（2）原式 $=\left(a+\frac{1}{2}b\right)\left(a-\frac{1}{2}b\right)=a^2-\left(\frac{1}{2}b\right)^2=a^2-\frac{1}{4}b^2$.

例 27 利用完全平方公式计算.

（1）$(x+2y)^2$；（2）$(2a-5)^2$；（3）$(-3x-4y)^2$.

【解】 （1）原式 $=x^2+2\cdot x\cdot 2y+(2y)^2=x^2+4xy+4y^2$.

（2）原式 $=(2a)^2-2\cdot 2a\cdot 5+5^2=4a^2-20a+25$.

（3）原式 $=[-(3x+4y)]^2=(3x+4y)^2=9x^2+24xy+16y^2$.

例 28 利用平方差，完全平方公式速算.

（1）97×103；（2）15^2.

【解】 （1）原式 $=(100-3)(100+3)=100^2-3^2=9991$.

(2) 原式 $=(10+5)^2=10^2+2\times10\times5+5^2=100+100+25=225$,
或原式 $=(20-5)^2=20^2-2\times20\times5+5^2=400-200+25=225$.

试试看，你一定会成功，口算下列各题.
(1) 101×99; (2) 95^2; (3) 25^2; (4) 51^2.

习　　题

1. 计算下列各题.
(1) $(3x+1)(x+2)$;　　(2) $(4y-1)(y-5)$;
(3) $\left(2x-\frac{2}{5}y\right)\left(\frac{2}{5}x+\frac{1}{2}y\right)$;　　(4) $2(x-8)(x-5)-(2x-1)(x+2)$.
2. 利用平方差公式计算.
(1) $(x+7)(x-7)$; (2) $(-4x+y)(4x+y)$; (3) 112×108.
3. 你能利用平方差公式计算下式吗？试试看.
$(2+1)(2^2+1)(2^4+1)(2^8+1)+1$.
4. 利用完全平方公式计算.
(1) $(4x+3y)^2$; (2) $(-a-b)^2$; (3) $\left(\frac{1}{2}m-2\right)^2$.
5. 观察下列各式:
$5^2=25$;
$15^2=225$;
$25^2=625$;
$35^2=1225$;
$45^2=$______;
$55^2=$______.
通过观察你能发现什么规律吗？(用完全平方公式加以思考).

1.2.5　分式

把空白处填好，你就归纳好重点啦.

1. (1) $\frac{3}{4}$, $\frac{a}{5}$, $\frac{a-b}{3}$, $x^2+\frac{y^2}{8}$.
单项式是____________________，多项式是________________;

（2）$\frac{5}{a}$，$\frac{3}{a-b}$，$\frac{x}{x+8}$，$\frac{x}{3}-\frac{3}{x}$与整式不一样的地方是____.

定义：一般地，两个整式 A、B 相除时，可以表示成$\frac{A}{B}$的形式，如果 B 中含有字母，那么$\frac{A}{B}$叫做分式.

※由数的概念类比得到：整式和分式统称为有理式.

指出下列代数式中哪些是分式：

（1）$\frac{1}{a}$；（2）$\frac{y}{2}$；（3）$\frac{5a}{a-b}$；（4）$-\frac{2}{3}ab$；（5）$\frac{x}{\pi}$.

温馨提示

1. 分式是两个整式相除的商，分数线可以理解为除号，并兼有括号的作用.
2. 分式分母的值不能为 0.
3. π 是圆周率，它代表的是一个常数.

2.（1）当 x 取什么值时，分式$\frac{x+1}{2x-1}$有意义？

在分式中，当分母的值不为 0 时，分式有意义，由 $2x-1\neq0$ 可得当 $x\neq\frac{1}{2}$时分式有意义，当$x=\frac{1}{2}$时，此分式无意义.

（2）当 y 取什么值时，分式$\frac{2y+1}{4y+3}$的值为 0？

分式的值要为 0，需满足的条件：分子的值等于 0，且分母的值不为 0.

练一练

分式$\frac{x-2}{x^2-x-2}$的值能等于 0 吗？说明理由.

3. 分式运算

例29 （1）计算：$(x+y)^2\cdot\frac{x}{(x+y)^3}+\frac{y}{x+y}$；

（2）计算：$\frac{1}{x+1}-\frac{x+3}{x^2-1}\cdot\frac{x^2+2x+1}{x^2+4x+3}$.

【分析】 分式的四则混合运算要注意运算顺序及括号的关系.

【解】 （1）原式 $=\frac{x}{x+y}+\frac{y}{x+y}$

$=\frac{x+y}{x+y}=1$.

（2）原式 $=\frac{1}{x+1}-\frac{x+3}{(x+1)(x-1)}\cdot\frac{(x+1)^2}{(x+1)(x+3)}$

$=\frac{1}{x+1}-\frac{1}{x-1}$

$=\frac{x-1}{(x-1)(x+1)}-\frac{x+1}{(x-1)(x+1)}$

$=\frac{(x-1)-(x+1)}{(x-1)(x+1)}=-\frac{2}{x^2-1}$.

温馨提示

分式的加、减、乘、除混合运算注意以下几点：

（1）一般按分式的运算顺序法则进行计算，但恰当地使用运算律会使运算简便；

（2）要随时注意分子、分母可进行因式分解的式子，以备约分或通分时备用，可避免运算烦琐.

习 题

1. 下列各式中，是分式的是（ ）

A. $\frac{x}{\pi-2}$　　B. $\frac{1}{3}x^2$　　C. $\frac{2x+1}{x-3}$　　D. $\frac{x}{\frac{1}{2}}$

2. 当 a 为任何实数时，下列分式中一定有意义的一个是（ ）

A. $\frac{a+1}{a^2}$　　B. $\frac{1}{a+1}$　　C. $\frac{a^2+1}{a+1}$　　D. $\frac{a+1}{a^2+1}$

3. 计算：$\frac{2x}{2x-y}+\frac{y}{y-2x}$，结果为（　　）

A. 1　　B. -1　　C. $2x+y$　　D. $x+y$

4. 下列分式中，计算正确的是（　　）

A. $\frac{2(b+c)}{a+3(b+c)}=\frac{2}{a+3}$　　B. $\frac{a+b}{a^2+b^2}=\frac{2}{a+b}$

C. $\frac{(a-b)^2}{(a+b)^2}=-1$　　D. $\frac{x-y}{2xy-x^2-y^2}=\frac{1}{y-x}$

5. 若已知分式$\frac{|x-2|-1}{x^2-6x+9}$的值为0，则x^{-2}的值为（　　）

A. $\frac{1}{9}$或-1　　B. $\frac{1}{9}$或1　　C. -1　　D. 1

6. 当$x=$__________时，分式$\frac{|2x-5|}{1+x^2}$的值为零.

7. 如果$\frac{a}{b}=2$，则$\frac{a^2-ab+b^2}{a^2+b^2}=$__________.

8. 若$x+\frac{1}{x}=3$，则$x^2+\frac{1}{x^2}=$__________.

9. 在等号成立时，在横线上边填上适当的符号：$\frac{y-x}{x^2-y^2}=$__________$\frac{1}{x+y}$.

10. 当x______时，分式$\frac{1}{2-3x}$的值为负数.

11. $\frac{b}{a-b}+\frac{a}{a+b}-\frac{2ab}{b^2-a^2}$.

12. $\left(\frac{1}{b}-\frac{1}{a}\right)\cdot\frac{ab}{a^2-b^2}$.

项目 1.3　方程

案例导入　遇到问题，调整好状态应对吧！

有一棵树，刚移栽时，树高为2m. 假设以后平均每年长0.3m，问：几年后树高为5m?

【分析】 树平均每年长 0.3m，若设 x 年后树高为 5m，则 x 年树长高 $0.3x$m. 加上原来的树高，可列出方程.

【解】 设 x 年后树高为 5m.

由已知，有 $$0.3x+2=5.$$

将常数、与含未知数的项分别置于等式两边有

$$0.3x=5-2,$$

所以 $$x=10\ (\text{年}).$$

所以 10 年后树高为 5m.

1.3.1 一元一次方程

把空白处填好，你就归纳好重点啦.

在小学时我们已经学过，方程是指含未知数的等式，请你运用已学的知识，根据下列问题中的条件，分别列出方程：

（1）一个数加上 3，等于 8，求这个数.

设这个数为 x，可列出______________；

（2）一件衣服按 8 折销售的售价为 72 元，这件衣服的原价是多少元?

设这件衣服的原价为为 x 元，可列出方程______________.

观察你所列的方程，这些方程之间有什么共同的特点?

温馨提示

上述所列的方程中，方程的两边都是整式，只含有一个未知数，并且未知数的指数是一次，这样的方程叫做一元一次方程.

使方程左右两边的值相等的未知数的值叫做方程的解.

习 题

1. 下列各式中，哪些是方程？哪些是一元一次方程？

（1）$5x=0$；（2）$1+3x$；

（3）$y^2=4+y$；（4）$3m+2=1-m$.

2. 判断下列 t 的值是不是方程 $2t+1=7-t$ 的解.

（1）$t=-2$；（2）$t=2$.

1.3.2 一元一次方程的解法

把空白处填好，你就归纳好重点啦.

在方程 $4x=3x+50$ 的两边都减去 $3x$，就得到另一个方程______ $=50$，方程的这种变形过程可以直观地看做是把方程 $4x=3x+50$ 中的项 $3x$ 改变符号后从右边移到左边.

一般地，把方程中的项改变符号后，从方程的一边移到另一边，这种变形叫做移项. 移项时通常把含有未知数的项移到等号的左边，把常数项移到等号的右边.

例 30 解下列方程：

(1) $5+2x=1$；

(2) $8-x=3x+2$.

【解】(1) 移项，得 $2x=1-5$，

即 $2x=-4$，

两边同除以 2，得 $x=-2$.

(2) 移项，得 $-x-3x=2-8$，

合并同类项，得 $-4x=-6$，

两边同除以 -4 得 $x=\frac{3}{2}$.

移项和合并同类项在方程变形中经常用到，移项时应注意改变项的符号.

例 31 解下列方程：

(1) $3-(4x-3)=7$；

(2) $x-\sqrt{2}=2(x+1)$（结果保留3个有效数字）.

【解】(1) 去括号，得 $3-4x+3=7$，

移项，得 $-4x=7-3-3$，

合并同类项，得 $-4x=1$，

两边同除以 -4，得 $x=\frac{1}{4}$.

(2) 去括号，得 $x-\sqrt{2}=2x+2$，

移项，得 $x-2x=2+\sqrt{2}$，

合并同类项，得 $-x=2+\sqrt{2}$，

即 $x=-(2+\sqrt{2})$，

$x\approx-3.41$.

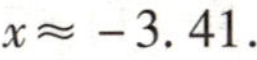

当方程中的一边或两边有括号时，我们往往先去掉括号，再进行移项、合并同类项等变形求解.

1. 解下列方程，并口算检验.

(1) $2.4x-2=2x$；　　(2) $3x+1=-2$；

(3) $10x-3=7x+3$；　　(4) $8-5x=x+2$.

2. 解下列方程：

(1) $2-3(x-5)=2x$；　　(2) $4(4-y)=3(y-3)$；

(3) $2(2x-1)=1-(3-x)$；　　(4) $2(x-1)-(x-3)=2(1.5x-2.5)$.

3. 下列变形对吗？若不对，请说明理由，并改正.

解方程 $3-2(0.2x+1)=\frac{1}{5}x$.

【解】 去括号，得 $3-0.4x+2=0.2x$，

移项，得 $-0.4x+0.2x=-3-2$，

合并同类项，得 $-0.2x=-5$，

两边同除以 -0.2，得 $x=25$.

例32 解下列方程：

(1) $\frac{3y+1}{3}=\frac{7+y}{6}$；　　(2) $\frac{x}{5}-\frac{3-2x}{2}=x$.

由于方程中的某些项含有分母，我们可先依据等式的性质，方程的两边同乘以分母的最小公倍数，去掉分母，再进行去括号、移项、合并同类项等变形求解.

【解】 （1）方程的两边同乘以6，得

$6\times\frac{3y+1}{3}=\frac{7+y}{6}\times6$（根据什么?），

即 $2(3y+1)=7+y$，

去括号，得 $6y+2=7+y$，

移项，得 $6y-y=7-2$，

合并同类项，得 $5y=5$，

两边同除以5，得 $y=1$.

（2）方程的两边同乘以10，得 $2x-5(3-2x)=10x$，

去括号，得 $2x-15+10x=10x$，

移项，得 $2x+10x-10x=15$，

合并同类项，得 $2x=15$，

两边除同除以2，得 $x=\frac{15}{2}$.

从前面的例题中我们看到，去分母、去括号、移项、合并同类项等都是方程变形的常用方法，但必须注意，移项和去分母的依据是等式的性质，而去括号和合并同类项的依据是代数式的运算法则.

一般地，解一元一次方程的基本程序是：

去分母→去括号→移项→合并同类项→两边同除以未知数的系数.

1. 解下列方程：

（1）$\frac{x}{3}-\frac{x-6}{12}=2-\frac{2}{3}x$；（2）$\frac{3-4x}{7}=\frac{2-5x}{3}-1$.

2. 下面方程的解法对吗？若不对，请改正.

解方程$\frac{3x-1}{3}=1-\frac{4x-1}{6}$.

【解】 去分母，得 $2(3x-1)=1-4x-1$，

去括号，得 $6x-1=1-4x-1$，

移项，得 $6x-4x=1-1+1$，

整理，得 $2x=1$，即 $x=\frac{1}{2}$.

习　题

1. 解方程：

(1) $6+2(x-3)=x$；　(2) $8-2(x-7)=x-(x-4)$；

(3) $2x-(1.5x-1)=2(1.5x-1)$.

2. 解下列方程：

(1) $\frac{5x+3}{2}=\frac{1+7x}{3}$；　(2) $1-\frac{4-3x}{4}=\frac{5x+3}{6}-x$.

3. 解方程 $x-\frac{3}{2}\left(1-\frac{3-x}{3}\right)=\frac{1}{3}$.

1.3.3 二元一次方程（组）

1. 二元一次方程 把空白处填好，你就归纳好重点啦.

温馨提示

像$0.6x+0.8y=3.8$，$2a=3b+20$这样含有两个未知数，且含有未知数的项的次数都是一次的方程叫做二元一次方程（linear equation in two unknowns).

(1) 买5kg苹果和3kg梨共需23.6元，设苹果的单价为x元/kg，梨的单价为y元/kg，方程是____________________；

(2) 七年级一班男生人数的2倍比女生人数的$\frac{1}{3}$多7人，设男生人数为x，女生人数为y，方程是____________________.

（3）下列各式是二元一次方程的是（　　）.

A. $x^2+y=0$　　B. $x=\frac{2}{y}=1$　　C. $\frac{x+y}{3}-2y=0$　　D. $y+\frac{1}{2}x=0$

使二元一次方程两边的值相等的一对未知数的值，叫做二元一次方程的一个解.

例如，把 $x=1$，$y=4$ 代入方程 $3x+4y=19$，左边 $=3\times1+4\times4=19=$ 右边，所以 $x=1$，$y=4$ 就是方程 $3x+4y=19$ 的一个解，记做 $\begin{cases}x=1\\y=4\end{cases}$.

想一想　$x=0$，$y=1$ 和 $x=5$，$y=1$ 也是方程 $3x+4y=19$ 的解吗？

检验下列各组数是不是方程 $2a=3b+20$ 的解.

（1）$\begin{cases}a=4\\b=3\end{cases}$；　　（2）$\begin{cases}a=5\\b=-\frac{10}{3}\end{cases}$；　　（3）$\begin{cases}a=100\\b=60\end{cases}$.

2. 二元一次方程组　把空白处填好，你就归纳好重点啦.

一个苹果和一个梨的质量合计 200g（见图 1-4），这个苹果的质量加上一个 10g 的砝码恰好与这个梨的质量相等（见图 1-5），问苹果和梨的质量各为多少克？

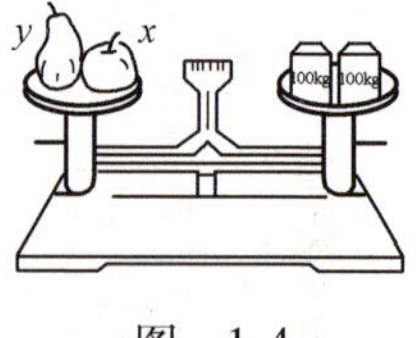

图　1-4

图　1-5

在这个问题中，如果设苹果和梨的质量分别为 x(g) 和 y(g)，你能列出几个方程？请把它们列出来_________________________.

方程 $x+y=200$ 和方程 $y=x+10$ 中，x，y 都分别表示同一个未知数，也就是说，x，y 的值必须同时满足上述两个方程，因此可以把两个方程合起来写成

$$\begin{cases}y=x+10\\x+y=200\end{cases}.$$

例如像这样由两个一次方程组成，并且含有两个未知数的方程组，叫做二元一次方程组.

1. (1) 已知方程 $x+y=200$，填写下表.

x	…	85	90	95	100	105	…
y	…						…

(2) 已知方程 $y=x+10$，填写下表.

x	…	85	90	95	100	105	…
y	…						…

(3) 有没有这样的解，它既是方程 $x+y=200$ 的一个解，又是方程 $y=x+10$ 的一个解？

温馨提示

同时满足二元一次方程组中各个方程的解，叫做这个二元一次方程组的解.

例如 $\begin{cases} x=95 \\ y=105 \end{cases}$，就是二元一次方程组 $\begin{cases} x+y=200 \\ y=x+10 \end{cases}$ 的解.

2. 把下列各组数的题序填入图 1-6 中适当的位置.

(1) $\begin{cases} x=1 \\ y=0 \end{cases}$；　(2) $\begin{cases} x=+2 \\ y=-2 \end{cases}$；　(3) $\begin{cases} x=-\dfrac{1}{2} \\ y=1 \end{cases}$；　(4) $\begin{cases} x=1 \\ y=-1 \end{cases}$.

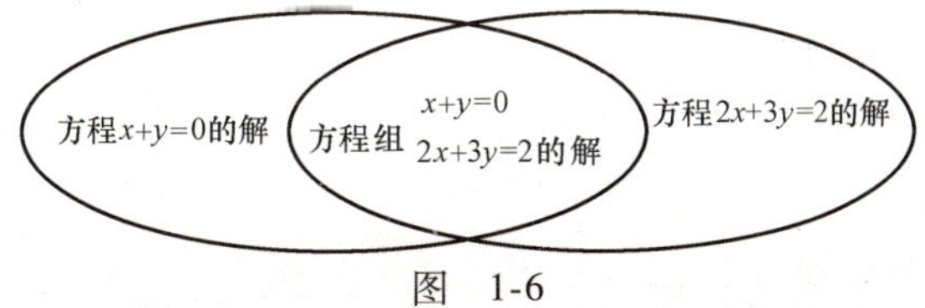

图 1-6

3. 解二元一次方程组　把空白处填好，你就归纳好重点啦.

我国古代数学名著《孙子算经》上有这样一道题：今有鸡兔同笼，上有三十五头，下有九十四足，问鸡兔各几只（见图 1-7）？

上一节我们碰到过二元一次方程组 $\begin{cases}x+y=200\\y=x+10\end{cases}$，你知道怎样求出它的解吗？

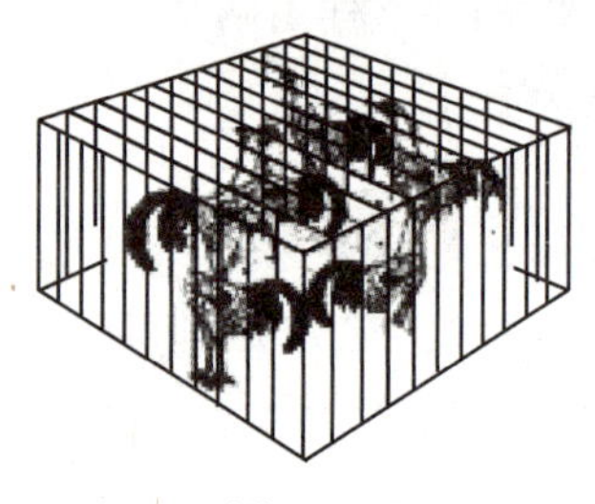

图 1-7

前面已经学过一元一次方程的解法，能否把解二元一次方程组转化为解一元一次方程？请观察图 1-8，你得到了什么启发？

解方程组的基本思路是“消元”，也就是把二元一次方程组化为一元一次方程，消元的方法之一是“代入”，这种解方程组的方法称为代入消元法，简称代入法，代入法是解二元一次方程组常用的方法之一.

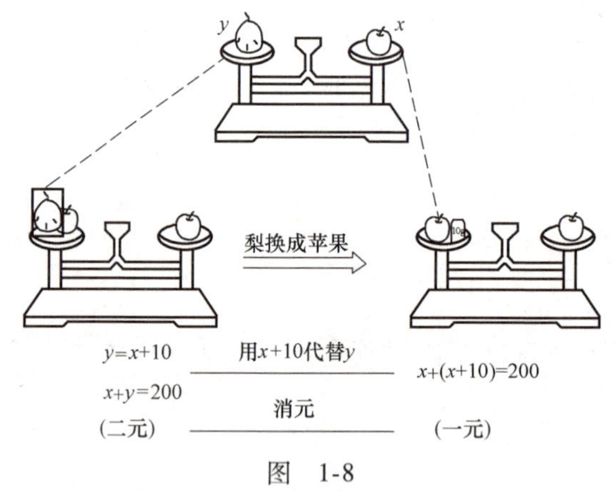

图 1-8

例 33 解方程组

$$\begin{cases}2y-3x=1 & (1)\\x=y-1 & (2)\end{cases}.$$

【解】 把（2）代入（1），得 $2y-3(y-1)=1$，
即 $2y-3y+3=1$，解得 $y=2$.
把 $y=2$ 代入(2)，得 $x=2-1=1$，
所以方程组的解是 $\begin{cases}x=1\\y=2\end{cases}$.

温馨提示

为了检查上面的计算是否正确，可把所得的解分别代入方程（1），（2）检验，检验过程可以口算，不必写出.

例 34 解方程组$\begin{cases}2x-7y=8 & (1)\\ 3x-8y-10=0 & (2)\end{cases}$.

【解】 将其中一个方程的一个未知数用另一个未知数表示时，通常我们选择的方程应使运算比较简便.

由（1）得 $2x=8+7y$，即 $x=\dfrac{8+7y}{2}$.　　（3）

把（3）代入（2），得 $3\times\left(\dfrac{8+7y}{2}\right)-8y-10=0$，

所以 $12+\dfrac{21}{2}y-8y-10=0$，解得 $y=-\dfrac{4}{5}$.

把 $y=-\dfrac{4}{5}$ 代入（3），得 $x=\dfrac{8+7(-\frac{4}{5})}{2}=\dfrac{6}{5}$.

所以方程组的解是$\begin{cases}x=\dfrac{6}{5}\\ y=-\dfrac{4}{5}\end{cases}$.

温馨提示

用代入法解二元一次方程组的一般步骤是：

（1）将方程组中的一个方程变形，使得一个未知数能用含有另一个未知数的代数式表示；

（2）用这个代数式代替另一个方程中相应的未知数，得到一个一元一次方程，求得一个未知数的值；

（3）把这个未知数的值代入代数式，求得另一个未知数的值；

（4）写出方程组的解.

用代入法解下列方程组.

（1）$\begin{cases}x=2y\\ 2x+y=5\end{cases}$；　　（2）$\begin{cases}2x+y=7\\ 3x-4y=5\end{cases}$；　　（3）$\begin{cases}2x-3y=7\\ 4x+5y=3\end{cases}$.

例 35 解方程组$\begin{cases}3x-2y=11 & (1)\\ 2x+3y=16 & (2)\end{cases}$.

【分析】 先通过方程的变形，使得某个未知数的系数的绝对值相同，就可以把两个方程的两边相加或相减来消元.

【解】 (1)×3，得 $9x-6y=33$，(3)

(2)×2，得 $4x+6y=32$，(4)

(3)+(4)，得 $13x=65$，

所以 $x=5$.

把 $x=5$ 代入 (1)，得 $3\times5-2y=11$，解得 $y=2$.

所以方程的解是 $\begin{cases}x=5\\y=2\end{cases}$.

通过将方程组中的两个方程相加或相减，消去其中的一个未知数，转化为一元一次方程，这种解二元一次方程组的方法叫做加减消元法，简称加减法 (elimination method)，加减法也是解二元一次方程组常用的方法之一.

用加减法解二元一次方程组的一般步骤是：

(1) 将其中一个未知数的系数化成相同（或互为相反数）；

(2) 通过相减（或相加）消去这个未知数，得到一个一元一次方程；

(3) 解这个一元一次方程，得到这个未知数的值；

(4) 将求得的未知数的值代入原方程组中的任一个方程，求得另一个未知数的值；

(5) 写出方程组的解.

用加减法解下列方程组.

(1) $\begin{cases}3x-2y=9\\2x-3y=1\end{cases}$；　　(2) $\begin{cases}x-y=7\\3x-2y=2\end{cases}$.

习　题

1. 解下列方程组：

(1) $\begin{cases}x=2y\\2x-3y=-8\end{cases}$；　　(2) $\begin{cases}4x-y=14\\3x+y=7\end{cases}$；　　(3) $\begin{cases}\frac{1}{2}x-2y=7\\\frac{1}{2}x-3y=-8\end{cases}$；

(4) $\begin{cases}2u-5v=12\\4u+3v=-2\end{cases}$.

2. 解方程组$\begin{cases}\dfrac{x-y}{3}=\dfrac{x+y}{2}\\2x-5y=7\end{cases}$.

3. 已知$2v+t=3v-2t=3$，求 v，t 的值.

项目 1.4　一元二次方程和解法

案例导入　遇到问题，调整好状态应对吧！

从前有一天，一个醉汉拿着竹竿进屋，横拿竖拿都进不去，横着比门框宽 4 尺，竖着比门框高 2 尺，另一个醉汉教他沿着门的两个对角斜着拿竿，这个醉汉一试，不多不少刚好进去了. 你知道竹竿有多长吗？

【分析】 此问题中，竹竿、门框的长、宽都是固定不变的量. 若设竹竿的长为 x 尺，横着比门框宽 4 尺，说明门框宽 $x-4$ 尺；竖着比门框高 2 尺，说明门框高 $x-2$ 尺. 沿着门的两个对角斜着拿竿，刚好进去了，说明竹竿与门框对角线长相等. 由此，可列出方程.

【解】 设竹竿的长为 x 尺，则由题意有门框宽 $x-4$ 尺，门框高 $x-2$ 尺. 根据勾股定理，有门框的对角线长为$\sqrt{(x-4)^2+(x-2)^2}$.

建立方程有　$(x-4)^2+(x-2)^2=x^2$，

展开，移项、合并同类项有　$x^2-12x+20=0$，

解之，有　$x_1=10$，$x_2=2$，（不合题意，舍去）

所以，竹竿的长为 10 尺.

1.4.1　一元二次方程

把空白处填好，你就归纳好重点啦.

方程两边都是整式，只含有一个未知数，并且未知数的最高次数是 2 次，我们把这样的方程叫做__________（quadratic equation in one unknown），能使一元二次方程两边相等的未知数的________叫一元二次方程的解（或根）.

1. 判断下列方程是否为一元二次方程.

(1) $10x^2=9$；　　(2) $2(x+1)=3x$；

(3) $2x^2-3x-1=0$；　　(4) $\frac{1}{x^2}-\frac{2}{x}=0$.

2. 判断未知数的值 $x=-1$，$x=0$，$x=2$ 是不是方程 $x^2-2=x$ 的根.

一般地，任何一个关于 x 的一元二次方程都可以化为 $ax^2+bx+c=0$ 的形式，我们把 $ax^2+bx+c=0$（a，b，c 为常数，$a\neq0$）称为一元二次方程的一般形式，其中 ax^2，bx，c 分别称为二次项、一次项和常数项，a，b 分别称为二次项系数和一次项系数.

例 36 把下列方程化成一元二次方程的一般形式，并写出它的二次项系数、一次项系数和常数项.

(1) $9x^2=5-4x$；　　(2) $3y^2+1=2\sqrt{3}y$；

(3) $4x^2=5$；　　(4) $(2-x)(3x+4)=3$.

【解】 (1) 移项，整理，得 $9x^2+4x-5=0$，这个方程的 $a=9$，$b=4$，$c=-5$.

(2) 移项，整理，得 $3y^2-2\sqrt{3}y+1=0$. 这个方程的 $a=3$，$b=-2\sqrt{3}$，$c=1$.

(3) 移项，得 $4x^2-5=0$. 这个方程的 $a=4$，$b=0$，$c=-5$.

(4) 方程左边多项式相乘，得 $-3x^2+2x+8=3$，移项，整理，得 $-3x^2+2x+5=0$，这个方程的 $a=-3$，$b=2$，$c=5$.

我们在写一元二次方程的一般形式时，通常按未知数的次数从高到低排列，即先写二次项，再写一次项，最后是常数项.

练一练

1. 在下列方程中，是一元二次方程的为（　　）

A. $x^2+3x=\frac{2}{x}$　　B. $2(x-1)+x=2$

C. $x^2=2+3x$

D. $x^2-x^5+4=0$

2. 填表

方程	一般形式	a	b	c
$2x^2-x=4$				
$\sqrt{2}y-4y^2=0$				
$(2x)^2=(x+1)^2$				

习　题

1. 在下列方程中，不是一元二次方程的为（　　）

A. $\frac{1}{5}x^2-\frac{\sqrt{2}}{2}=x$

B. $7x^2=0$

C. $0.3x^2+0.2x=4$

D. $x(1-2x^2)=2x^2$

2. 把一元二次方程$(x-\sqrt{5})(x+\sqrt{5})+(2x-1)^2=0$化成一般形式，正确的是（　　）

A. $5x^2-4x-4=0$

B. $x^2-5=0$

C. $5x^2-2x+1=0$

D. $5x^2-4x+6=0$

3. 填表

方程	一般形式	a	b	c
$x^2-4x-3=0$				
$2x^2=0$				
$\frac{1}{2}x^2=\sqrt{9}$				
$(2y-3)^2=y(y+2)$				

4. 判断下列各题括号内未知数的值是不是方程的根.

(1) $x^2-3x+2=0(x_1=1,\ x_2=2,\ x_3=3)$；

(2) $2y^2-5y+2=0\left(y_1=\frac{1}{2},\ y_2=1,\ y_3=2\right)$；

(3) $\frac{1}{2}(3x-1)^2-8=0\left(x_1=-1,\ x_2=1,\ x_3=\frac{5}{3}\right)$；

(4) $(2x-3)^2=(x+1)^2\left(x_1=\frac{2}{3},\ x_2=0,\ x_3=1\right)$.

1.4.2 一元二次方程的公式解法

把空白处填好，你就归纳好重点啦.

对于一元二次方程 $ax^2+bx+c=0(a\neq0)$，如果 $\Delta=b^2-4ac\geqslant0$，那么方程

的求根公式为 $x_{1,2}=\dfrac{-b\pm\sqrt{b^2-4ac}}{2a}$.

这个公式叫做一元二次方程的求根公式，利用求根公式，我们可以由一元二次方程的系数 a，b，c 的值，直接求得方程的根. 这种解一元二次方程的方法叫做公式法（quadratic formula）.

例 37 用公式法解下列一元二次方程.

（1）$2x^2-5x+3=0$；（2）$4x^2+1=-4x$；（3）$\dfrac{3}{4}x^2-2x-\dfrac{1}{2}=0$.

【解】（1）$2x^2-5x+3=0$，

$a=2$，$b=-5$，$c=3$，$\Delta=b^2-4ac=(-5)^2-4\times2\times3=1$，

所以 $$x=\frac{-(-5)\pm\sqrt{1}}{2\times2}=\frac{5\pm1}{4},$$

所以 $$x_1=\frac{5+1}{4}=\frac{3}{2},\quad x_2=\frac{5-1}{4}=1.$$

（2）$4x^2+1=-4x$，

移项，得 $4x^2+4x+1=0$.

则 $a=4$，$b=4$，$c=1$，$\Delta=b^2-4ac=4^2-4\times4\times1=0$，

所以 $$x=\frac{-4\pm\sqrt{0}}{2\times4}=-\frac{1}{2},$$

所以 $$x_1=x_2=-\frac{1}{2}.$$

（3）$\dfrac{3}{4}x^2-2x-\dfrac{1}{2}=0$，

方程的两边同乘 4，得 $3x^2-8x-2=0$.

则 $a=3$，$b=-8$，$c=-2$，$\Delta=b^2-4ac=(-8)^2-4\times3\times(-2)=88$.

所以 $$x=\frac{8\pm\sqrt{88}}{2\times3}=\frac{4\pm\sqrt{22}}{3},$$

所以 $$x_1=\frac{4+\sqrt{22}}{3},\quad x_2=\frac{4-\sqrt{22}}{3}.$$

1. 用公式法解下列方程.

（1）$x^2+3x-4=0$；（2）$2x^2-13x+15=0$；（3）$\dfrac{1}{2}x^2-\dfrac{1}{4}x=1$.

2. 选择适当的方法解下列方程.

（1）$\dfrac{16}{25}x^2=1$；（2）$5x^2=2x$；

（3）$3x^2+1=4x$；（4）$(x-2)^2=9x^2$.

习　题

1. 用公式法解下列方程.

(1) $x^2-5x=6$；　(2) $3x^2-11x-4=0$；

(3) $3x^2+10x+3=0$；　(4) $6t^2-13t-5=0$.

2. 用公式法解下列方程.

(1) $4x^2+9=12x$；　(2) $\frac{2}{3}x^2-\frac{1}{6}x-\frac{1}{2}=0$；

(3) $2x^2-\sqrt{2}x-1=0$；　(4) $0.1y^2-y-0.2=0$.

3. 选择适当的方法解下列方程.

(1) $x(2x-7)=2x$；　(2) $x(2x-7)=-\frac{49}{8}$；

(3) $(2x-1)^2=(3x+1)^2$；　(4) $(x+1)(x-1)=2\sqrt{2}x$.

4. 已知关于 x 的一元二次方程 $x^2+ax+a=0$ 的一个根是3，求 a 的值.

5. 判断下列方程是一元一次方程、二元一次方程还是一元二次方程.

(1) $5x+y=10$；　(2) $-x+4=-8$；

(3) $x^2+y=4$；　(4) $-4a^2+8=0$.

6. 解下列一元一次方程.

(1) $3+x=0$；　(2) $3-x=-3$；　(3) $4x-7=3-x$.

7. 解下列二元一次方程组.

(1) $\begin{cases}x+y=0\\y-x=1\end{cases}$；　(2) $\begin{cases}4x-3y=4\\3x+4y=8\end{cases}$；　(3) $\begin{cases}\frac{1}{2}x-y=6\\\frac{1}{3}x-\frac{1}{2}y=9\end{cases}$.

8. 解下列一元二次方程.

(1) $2x^2-4=x$；　(2) $x^2-3x+2=0$；　(3) $4x^2-16x+8=0$；

(4) $x^2-6x=16$；　(5) $2x^2-2x-3=0$；　(6) $-\frac{1}{3}x^2+x=1$.

小结与复习

一、数

1. 数的分类

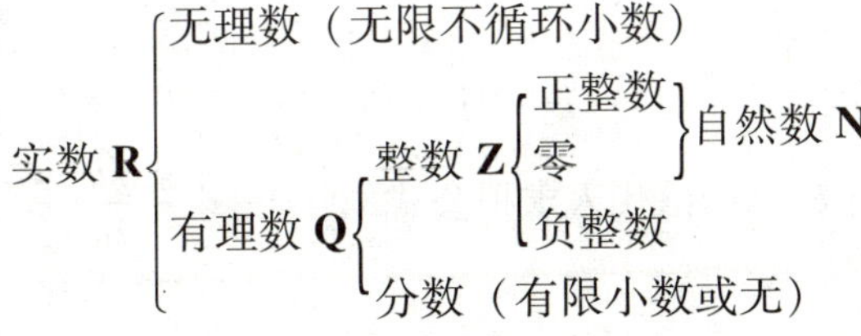

有限小数：如 1.2，1.3，0.7，0.7878，0.787923 等.

无限小数
- 无限循环小数：$0.\dot{3}=\frac{1}{3}$，$\frac{1}{7}=0.142857\cdots$等.
- 无限不循环小数：$\sqrt{2}=1.414\cdots$，$\sqrt{3}=1.732\cdots$，$\pi=3.1415926\cdots$等.

2．数的混合运算顺序：先算乘方，再算乘除，最后算加减，有括号要先算括号里的.

二、式

1．整式中，只含一项的是单项式，否则是多项式．分母中含有字母的代数式不是整式，当然也不是单项式或多项式.

2．单项式的次数是所有字母的指数之和；多项式的次数是多项式中最高次项的次数.

单项式的系数包括它前面的符号，多项式中每一项的系数也包括它前面的符号.

去（添）括号时，要特别注意括号前面是“－”号的情形：去括号时，括号里各项都改变符号；添括号时，括到括号里的各项都改变符号.

等式性质1　等式两边都加上（或减去）同一个数或同一个整式，所得结果仍是等式.

等式性质2　等式两边都乘以（或除以）同一个数（除数不能是0），所得结果仍是等式.

三、方程

1．只含有一个未知数，并且未知数的次数是1，系数不等于0的方程叫做一元一次方程．它的标准形式是 $ax+b=0$，其中 x 是未知数，$a\neq0$．它有一个解.

解一元一次方程的一般步骤是去分母、去括号、移项、合并同类项和系数化成1.

2．含有两个未知数的方程组，叫做二元一次方程组．解法：①代入法；②加减法.

3．一元二次方程的一般形式为：$ax^2+bx+c=0(a\neq0)$，它是只含一个未知数，并且未知数的最高次数是2的整式方程.

解一元二次方程的基本思想方法是通过“降次”将它化为两个一元一次方程．一元二次方程有四种解法：①直接开平方法；②配方法；③公式法；④因式分解法.

公式法：把一元二次方程化成一般形式，然后计算判别式 $\Delta=b^2-4ac$ 的值，当 $b^2-4ac\geqslant0$ 时，把各项系数 a，b，c 的值代入求根公式 $x_{1,2}=\frac{-b\pm\sqrt{b^2-4ac}}{2a}$就可得到方程的根.

单 元 测 试

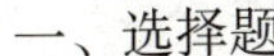

一、选择题

1. 下列语句：①无理数的相反数是无理数；②一个数的绝对值一定是非负数；③有理数比无理数小；④无限小数不一定是无理数，其中正确的是（　　）

A. ①②③　　B. ②③④　　C. ①②④　　D. ②④

2. 已知 a，b 两数在数轴上对应的点如图 1-9 所示，下列结论正确的是(　　)

A. $a>b$　　B. $ab<0$　　C. $b-a>0$　　D. $a+b>0$

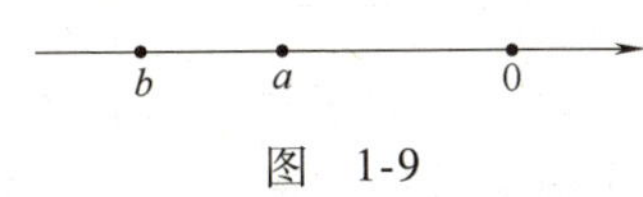

图　1-9

3. 9 的相反数的倒数是（　　）

A. -9　　B. $\frac{1}{9}$　　C. 9　　D. $-\frac{1}{9}$

4. 下列计算正确的是（　　）

A. $\sqrt{16}=\pm4$　　B. $3\sqrt{2}-2\sqrt{2}=1$

C. $24\div\sqrt{6}=4$　　D. $\sqrt{\frac{2}{3}}\cdot\sqrt{6}=2$

5. 下列运算正确的是（　　）

A. $a^5\cdot a^3=a^{15}$　　B. $a^5-a^3=a^2$　　C. $(-a^5)^2=a^{10}$　　D. $a^6\div a^3=a^2$

6. 下列运算正确的是（　　）

A. $2x^5-3x^3=-x^2$　　B. $2\sqrt{3}+2\sqrt{2}=2\sqrt{5}$

C. $(-x)^5\cdot(-x^2)=-x^{10}$　　D. $(3a^6x^3-9ax^5)\div(-3ax^3)=2x^2-a^5$

7. 已知代数式$\frac{1}{2}x^{a-1}y^3$与$-3x^{-b}y^{2a+b}$是同类项，那么 a，b 的值分别是(　　)

A. $\begin{cases}a=2\\b=-1\end{cases}$　　B. $\begin{cases}a=2\\b=1\end{cases}$　　C. $\begin{cases}a=-2\\b=-1\end{cases}$　　D. $\begin{cases}a=-2\\b=1\end{cases}$

8. 对于实数 a，b，若$\sqrt{(a-b)^2}=b-a$，则（　　）

A. $a>b$　　B. $a<b$　　C. $a\geqslant b$　　D. $a\leqslant b$

9. 已知 $x=1$ 是一元二次方程 $x^2-2mx+1=0$ 的一个解，则 m 的值是(　　)

A. 1　　B. 0　　C. 0 或 1　　D. 0 或 -1

10. 要使分式$\frac{x^2-5x+4}{x-4}$的值为0，则x应该等于（　　）

A. 4或1　　B. 4　　C. 1　　D −4或−1

二、填空题

11. a的相反数是$-\frac{1}{5}$，则a的倒数是__________.

12. 已知$x-y=2$，则$x^2-2xy+y^2=$__________.

13. 某公司成立3年以来，积极向国家缴税，由第一年的200万元，增长到800万元，则平均每年增长的百分数是__________.

14. 化简：$\frac{x}{x^2-3x}\cdot(x^2-9)$__________.

15. 一元二次方程$(1+3x)(x-3)=2x^2+1$化为一般形式为__________，二次项系数为__________，一次项系数为______，常数项为______.

三、综合题

16. 计算：$|-12|\div\left(-\frac{1}{2}+\frac{2}{3}-\frac{1}{4}-\frac{5}{6}\right)$.

17. 若a，b互为相反数，c，d互为倒数，m的绝对值为2，求$a^2-b^2+(cd)^{-1}\div(1-2m+m^2)$的值.

18. 化简：$\sqrt{(a+b)^2}-\frac{a(a-b)}{|a-b|}$.

19. 先化简，再求值：$5x^2-(3y^2+5x^2)+(4y^2-7xy)$，其中$x=-1$，$y=1-\sqrt{2}$.

20. 化简：$\left(\frac{x-1}{x+1}-\frac{x+1}{x+2}\right)\div\frac{x+3}{x^2+4x+4}$.

21. 计算：$\frac{1}{2}\sqrt{5}-\frac{5}{2}\sqrt{\frac{1}{5}}+\sqrt{45}-\frac{1}{2}\sqrt{405}$.

22. 解方程.

(1) $\frac{0.2x+3}{0.5}+\frac{0.1x-2}{0.2}$;　　(2) $\frac{x+5}{2}-1=\frac{x+7}{3}$.

23. 解方程.

(1) $\begin{cases}y=2x\\3y+2x=8\end{cases}$;　　(2) $\begin{cases}x-4y=-1\\2x+y=16\end{cases}$.

24. 用公式法解下列方程.

(1) $(x+4)^2=5(x+4)$;　　(2) $(x+1)^2=4x$;

(3) $(x+3)^2=(1-2x)^2$;　　(4) $2x^2-10x=3$.

课题2　指数与对数

指数（exponent）是指相同因子相乘时因子的个数．例如：$a^n=a\cdot a\cdot\cdots\cdot a$，共 n 个 a 相乘，则称 n 为指数．最早使用正整数指数的是中国，当时主要用于音乐理论中．更早的《管子》在《地员篇》也有“先主，而三次，四开以合九九”，即 1 先用 3 去乘，连乘四次得九九之数，即 $1\times3\times3\times3\times3=9\times9=81$，指数概念已很明确．分数指数最早出现在法国著名数学家奥力森的文献中．

对数最早出现在 16 世纪末至 17 世纪初的时候．由纳皮尔发明（详见历史小知识——对数的发明）．英国的布里格斯在 1624 年创造了常用对数．对数的发明对当时社会的发展产生了重要的影响，正如科学家伽利略说：“给我时间、空间和对数，我可以创造出一个宇宙．”又如拉普拉斯亦提到：“对数用缩短计算的时间来使天文学家的寿命加倍．”

项目 2.1　指数的运算

案例导入　遇到问题，调整好状态应对吧！

产品按质量可分成 6 种不同的档次，若工时不变，每天可生产最低档次（一等）的产品 40 件，如果每提高一个档次，每件利润可增加 1 元，但每天要少生产 2 件产品，若最低档次的产品每件利润为 16 元，生产哪种档次产品所得利润最大？

【分析】　每天生产一等品 40 件，每件的利润是 16 元．若生产产品的等级为 x 级，则提高的等级是 $x-1$，每件产品的利润增加 $x-1$ 元，每天生产减少 $2(x-1)$件．因此，每天生产的产品的利润是 $[40-2(x-1)][16+(x-1)]$ 元，求一元二次函数的最大值可以得到生产第 4 档次的产品利润最大．

【解】　设每天生产产品的等级为 x 级，每天生产的利润是 y 元．

由题意，提高的等级是 $x-1$ 级，生产减少 $2(x-1)$ 件. 且有

$$y=[40-2(x-1)][16+(x-1)],$$

整理，有

$$y=-2(x-4)^2+630,$$

得 $x=4$时，y 最大.

故生产第 4 档次产品利润最大.

2.1.1 数的开方与乘方运算

把空白处填好，你就归纳好重点啦.

正整数指数幂 $\overbrace{a\cdot a\cdot a\cdot\cdots\cdot a}^{n}=$__________（$n$ 是正整数）.

零指数幂 $\alpha^0=$__________（$\alpha\neq 0$）.

负整数指数幂 $\alpha^{-n}=$__________（$\alpha\neq 0$，n 是正整数）.

平方根 $x^2=a(a\geqslant 0)$则称 x 为 a 的______根或二次方根，其中若 x 为非负数，x 就叫做 a 的算术平方根（即一个非负数的正的平方根叫做算数平方根）. 我们规定 0 的算术平方根是 0.

立方根 如果一个数的立方等于 a，那么这个数叫做 a 的立方根或三次方根. 这就是说，如果 $x^3=a$，那么 x 叫做 a 的立方根. 所有实数都有且只有________个立方根.

正数的立方根是__________，负数的立方根是__________，0 的立方根是 0.

n 次方根 若 $x^n=a$（a 是一个实数，n 是大于 1 的正整数），则称数 x 为 a 的一个 n 次__________.

当 n 为奇数时，正数的 n 次方根是一个____数，负数的 n 次方根是一个______数. a 的 n 次方根用符号$\sqrt[n]{a}$表示.

当 n 为偶数时，正数的 n 次方根有两个，这两个数互为____数，分别表示为$\sqrt[n]{a}$与 $-\sqrt[n]{a}$. 负数没有偶次方根. 0 的 n 次方根为 0，即$\sqrt[n]{0}=0$.

n 次根式子$\sqrt[n]{a}$叫做根式，n 称为______，a 称为________.

$\sqrt[n]{a^n}$（$n>1$，n 是正整数）：当 n 为奇数时，$\sqrt[n]{a^n}=a$，当 n 为偶数时 $\sqrt[n]{a^n}=|a|$.

例 1 计算 $(\sqrt{5})^0$；$\left(\dfrac{1}{2}\right)^{-2}$；$0.01^{-3}$；$\left(\dfrac{3}{4}\right)^{-3}$.

【解】 $(\sqrt{5})^0=1$.

$\left(\frac{1}{2}\right)^{-2}=2^2=4.$

$0.01^{-3}=(10^{-2})^{-3}=10^{(-2)\times(-3)}=10^6.$

$\left(\frac{3}{4}\right)^{-3}=\left[\left(\frac{4}{3}\right)^{-1}\right]^{-3}=\left(\frac{4}{3}\right)^{(-1)\times(-3)}=\left(\frac{4}{3}\right)^3=\frac{64}{27}.$

例2 求4的算术平方根，-27的三次方根，16的四次方根.

【解】 4的算术平方根$\sqrt{4}=2$.

-27的立方根$\sqrt[3]{-27}=-3$.

16的四次方根$\pm\sqrt[4]{16}=\pm 2$.

0的平方根是________，$\frac{16}{9}$的平方根是________，-8的立方根是________，64的立方根是________，$\frac{81}{16}$的四次方根是________，$\frac{16}{625}$的四次方根是________.

习　题

计算：$\left(\frac{7}{4}\right)^0$；$(-10)^3$；$\left(-\frac{3}{4}\right)^{-2}$；$\sqrt[3]{\frac{27}{8}}$；$(0.1)^{-3}$.

2.1.2 指数的运算

把空白处填好，你就归纳好重点啦.

正分数指数幂　规定正分数指数幂的意义是________$=\sqrt[n]{a^m}$（m，n为大于1的自然数）.

负分数指数幂的意义与负整数指数幂的意义相仿，规定________$=\frac{1}{a^{\frac{m}{n}}}$（$m$，$n$为大于1的自然数）.

0的正分数指数幂等于______，0的______分数指数幂没有意义.

在规定了分数指数幂以后，指数的概念已从整数指数幂推广到了有理数指数幂. 初中学过的整数指数运算法则，对有理数指数幂也同样成立.

运算法则（a，$b>0$，α，β为有理数）

（1）$a^{\alpha} \cdot a^{\beta} =$ ________；

（2）$(a^{\alpha})^{\beta} =$ ________；

（3）$(ab)^{\alpha} =$ ________.

上述运算法则在 α、β 为实数时也同样成立.

例 3　把下列各指数式化为相应的根式形式.

$5^{\frac{3}{4}}$；$(-6)^{\frac{2}{3}}$；$\left(\frac{1}{32}\right)^{\frac{3}{2}}$；$81^{\frac{-3}{5}}$.

【解】　$5^{\frac{3}{4}} = \sqrt[4]{5^3}$.

$(-6)^{\frac{2}{3}} = \sqrt[3]{(-6)^2}$.

$\left(\frac{1}{32}\right)^{\frac{3}{2}} = \sqrt{\left(\frac{1}{32}\right)^3}$.

$81^{\frac{-3}{5}} = \frac{1}{\sqrt[5]{81^3}}$.

例 4　用分数指数幂表示下列各式.

$\sqrt{\alpha^3}$；$\frac{1}{\sqrt{x}}$；$\alpha^3 \cdot \sqrt[3]{\alpha}$.

【解】　$\sqrt{\alpha^3} = \alpha^{\frac{1}{3}}$.

$\frac{1}{\sqrt{x}} = x^{-\frac{1}{2}}$.

$\alpha^3 \cdot \sqrt[3]{\alpha} = \alpha^3 \cdot \alpha^{\frac{1}{3}} = \alpha^{3+\frac{1}{3}} = \alpha^{\frac{10}{3}}$.

例 5　计算：$3\sqrt{3} \times \sqrt[3]{3} \times \sqrt[6]{3}$.

【解】　$3\sqrt{3} \times \sqrt[3]{3} \times \sqrt[6]{3}$

$= 3^1 \times 3^{\frac{1}{2}} \times 3^{\frac{1}{3}} \times 3^{\frac{1}{6}}$

$= 3^{1+\frac{1}{2}+\frac{1}{3}+\frac{1}{6}}$

$= 3^2$

$= 9$.

练一练

1. 用分数指数幂表示下列各式.

(1) $3\cdot\sqrt[3]{3}\cdot\sqrt[5]{a^3}$；(2) $\dfrac{1}{x^5a^3}$；(3) $\dfrac{\sqrt[7]{b^3}}{\sqrt[5]{a^3}}$.

2. 求值：

(1) $\left(\dfrac{3}{2}\right)^{-2}$；(2) $81^{-\frac{1}{2}}$；(3) π^0；(4) $\left(\dfrac{1}{16}\right)^{\frac{3}{4}}$.

习　　题

1. 求值：

(1) $27^{-\frac{2}{3}}$；(2) $3^{-2}\times3^3\times3^4$；(3) $3^{-\frac{2}{3}}\times9^{\frac{1}{6}}$.

2. 计算：

(1) $4\times\sqrt[3]{2}\times\sqrt[6]{2}$；(2) $2\times\sqrt{2}\times\sqrt[4]{2}\times\sqrt[8]{2}$；(3) $\sqrt[5]{\left(\dfrac{243}{32}\right)^4}$.

项目 2.2　对数的运算

案例导入　遇到问题，调整好状态应对吧！

某种细胞分裂时，分裂规律为：1 个细胞 1 次分裂成 2 个细胞. 经过第 1 次分裂 1 个细胞分裂成为 2 个，经过第 2 次分裂成为 4 个细胞，…，那么经过第几次分裂，细胞恰好分裂成为 32 个？

【分析】　经过第 1 次分裂 1 个细胞分裂成为 2 个；经过第 2 次分裂成为 4 个细胞….

【解】　设经过 x 次分裂，细胞恰好分裂成为 32 个，据题意得

$$2^x=32=2\times2\times2\times2\times2,$$

$$x=5.$$

这是已知底数和幂的值，求指数的运算. 需要学习新的知识：对数.

2.2.1　对数的定义及性质

把空白处填好，你就归纳好重点啦.

对数的定义　如果 a（$a>0$，且 $a\neq1$）的 b 次幂等于 N，即 $a^b=N$，那么数 b 叫做以 a 为底 N 的对数，记作 $\log_aN=b$，其中 a 叫做对数的底数（简称底），N 叫做真数. 通常我们把 $a^b=N$ 称为指数式，$\log_aN=b$ 称为对数式. 举例：指数式 $3^2=9$ 的对数式为________________.

从式子中，可以总结出从概念上讲，对数与指数就是一码事，从运算上讲它们互为逆运算的关系．其实对数与＋、－等符号一样表示一种运算，不过对数运算的符号写在前面．

由于 $a>0$，所以 a^b 总是正数，即 N 总是正数，亦即零和负数没有对数．

对数性质　（1）零和负数没有对数；

（2）1 的对数等于 0，举例 $\log_a 1=$__________；

（3）底的对数等于 1，举例 $\log_a a=$__________．

对数恒等式　$a^{\log_a N}=N$，举例 $5^{\log_5 2}=$__________．

常用对数　以 10 为底的对数，叫做常用对数．通常 $\log_{10}N$ 写作 $\lg N$．举例 $\lg 50=\log_{10}$_____．

自然对数　以无理数 $e=2.718281828\cdots$ 为底的对数，叫做自然对数．通常 $\log_e N$ 写作 $\ln N$．举例 $\log_e 10=\ln$________．

温馨提示

对于固定的底数任何一个正数的对数有且仅有一个．

例 6　请写出下列指数式对应的对数式，并指出底数和真数．

（1）$2^2=4$；（2）$\left(\frac{1}{4}\right)^2=\frac{1}{16}$．

【解】（1）$\log_2 4=2$，底数 2，真数 4；

（2）$\log_{\frac{1}{4}}\frac{1}{16}=2$，底数 $\frac{1}{4}$，真数 $\frac{1}{16}$．

1. $3^{-2}=\frac{1}{9}$ 化成对数式是__________，底数__________，真数__________．

2. $\left(\frac{1}{3}\right)^m=27$ 化成对数式是__________，底数__________，真

数__________.

3. $3^4=81$ 化成对数式是____________________.

4. $\left(\frac{1}{5}\right)^a=125$ 化成对数式是____________________.

5. $e^2=20$　化成对数式是____________________.

例7　把下列各对数式写成指数式.

(1) $\log_2 8=3$；(2) $\lg 0.001=-3$；(3) $x=\log_3\frac{1}{9}$.

【解】　(1) $2^3=8$. (2) $10^{-3}=0.001$. (3) $3^x=\frac{1}{9}$.

1. $\log_7 1=0$ 化成指数式是____________________.
2. $\ln 10\approx 2.303$ 化成指数式是____________________.
3. $x=\log_3 5$ 化成指数式是____________________.
4. $a=\lg 2.7$ 化成指数式是____________________.
5. $\log_5\frac{1}{125}=-3$ 化成指数式是____________________.

例8　求值：(1) $\log_9 1$；(2) $3^{\log_3\sqrt{7}}$.

【解】　(1) $\log_9 1=0$. (2) $3^{\log_3\sqrt{7}}=\sqrt{7}$.

例9　求下列各式的值.

(1) $\log_3 27$；　　(2) $\log_{\frac{1}{2}}8$.

【解】　(1) 因为 $3^3=27$，所以 $\log_3 27=3$.

(2) 因为 $\left(\frac{1}{2}\right)^{-3}=8$，所以 $\log_{\frac{1}{2}}8=-3$.

(1) $\log_{0.1}0.1=$________；　(2) $\log_2 16=$________；　(3) $\lg\frac{1}{100}=$________；

(4) $\log_9 1=$________；　(5) $\log_2 64=$________；　(6) $\log_5\frac{1}{125}=$________；

(7) $3^{\log_3\sqrt{11}}=$__________.

习　　题

1. 把下列指数式写成对数式：

（1）$2^{-4}=\frac{1}{16}$；　　（2）$10^{m}=25$.

2. 把下列对数式写成指数式：

（1）$\log_{\frac{1}{2}}8=-3$；　　（2）$x=\ln 9$；　　（3）$x=\log_{9}2$.

3. 求值：

（1）$\log_{2}64$；　　（2）$\log_{\frac{1}{4}}16$；　　（3）$\ln e^{2}$.

2.2.2　对数的运算法则

把空白处填好，你就归纳好重点啦.

对数的运算法则：如果 $a>0$，且 $a\neq1$，$M>0$，$N>0$，则有：

（1）$\log_{a}(M\cdot N)=\log_{a}M+\log_{a}N$.

例如　$\log_{2}(8\times16)=\log_{2}$_____ $+\log_{2}$______ = ________ + ________ = ________.

（2）$\log_{a}\left(\frac{M}{N}\right)=\log_{a}M-\log_{a}N$.

例如　$\log_{3}\left(\frac{27}{\frac{1}{3}}\right)=\log_{3}$ ________ $-\log_{3}$ ________ = ________ − ________ = ________.

（3）$\log_{a}M^{\alpha}=\alpha\log_{a}M$（$\alpha$ 为实数）.

例如　$\log_{3}27=\log_{3}3^{3}=$ ______ $\log_{3}3=$ __________.

运算法则中，对数的真数相乘等于对数相加而不是真数相加等于对数相加.

例 10　用 $\log_{a}x$、$\log_{a}y$ 表示 $\log_{a}(x^{2}\cdot y^{3})$.

【解】

$$\begin{aligned}&\log_{a}(x^{2}\cdot y^{3})\\=&\log_{a}x^{2}+\log_{a}y^{3}\\=&2\log_{a}x+3\log_{a}y\end{aligned}$$

练一练

$$\log_a\left(\frac{\sqrt{x}\cdot y^2}{z^3}\right)$$

$= \_\_\_\_\_\_ + \_\_\_\_\_\_ - \_\_\_\_\_\_$

$= \_\_\_\_\_\_ \log_a x + \_\_\_\_\_\_ \log_a y - \_\_\_\_\_\_ \log_a z$

例 11 求（1）$\log_4 64$；（2）$\log_3 243$ 的值.

【解】 （1）$\log_4 64 = \log_4 4^3 = 3$.

（2）$\log_3 243 = \log_3(27\times 9) = \log_3(3^3\cdot 3^2) = \log_3 3^3 + \log_3 3^2 = 3 + 2 = 5$.

温馨提示

运算时，真数比较大不能马上得出结果的，可以先把真数化为底数的 n 次幂，再利用运算法则 3 进行计算.

练一练

$\log_2\left(\frac{1}{16}\right) = \_\_\_\_\_\_ - \_\_\_\_\_\_ - \_\_\_\_\_\_ - \_\_\_\_\_\_ = 0 - \_\_\_\_\_\_ = \_\_\_\_\_\_$.

例 12 计算：

（1）$\log_2(4^4\times 2^5)$；（2）$\log_2(8^3\div 16^2)$；（3）$2\lg 2 + \frac{1}{2}\lg 25 - \lg\frac{1}{5}$.

【解】 （1）$\log_2(4^4\times 2^5)$

$= \log_2 4^4 + \log_2 2^5$

$= \log_2 2^{2\times 4} + \log_2 2^5$

$= 8\log_2 2 + 5\log_2 2$

$= 8 + 5$

$= 13$.

（2）$\log_2(8^3\div 16^2)$

$= \log_2 8^3 - \log_2 16^2$

$= 3\log_2 8 - 2\log_2 16$

$=3\log_2 2^3-2\log_2 2^4$

$=9-8$

$=1.$

（3）$2\lg 2+\dfrac{1}{2}\lg 25-\lg\dfrac{1}{5}$

$=\lg 2^2+\lg 25^{\frac{1}{2}}-\lg\dfrac{1}{5}$

$=\lg\left(4\times 5\div\dfrac{1}{5}\right)$

$=\lg 100$

$=2.$

1. 计算

（1）$\log_5(5^4\times 25^2)$；（2）$\log_3(3^3\div 27^{-2})$.

2. 利用运算法则计算：

（1）$\log_2\ (8\times 4^3\div 32)$；（2）$4\lg\dfrac{9}{5}+2\lg\dfrac{81}{25}-\lg 100.$

小结与复习

本章的主要内容有两部分：指数和对数.

一、指数

1. 数的开方与乘方

（1）整数指数幂；

（2）正整数指数幂 $\overbrace{a\cdot a\cdot a\cdot\cdots\cdot a}^{n}=a^n$（$n$ 是正整数）；

（3）零指数幂 $a^0=1(a\neq 0)$；

（4）负整数指数幂 $a^{-n}=\dfrac{1}{a^n}$；

（5）方根；

（6）根式.

2. 指数运算法则

设 a、$b>0$，α、β 为有理数，则

（1）$a^{\alpha}\cdot a^{\beta}=a^{\alpha+\beta}$；

（2）$(a^{\alpha})^{\beta}=a^{\alpha\beta}$；

（3）$(ab)^{\alpha}=a^{\alpha}\cdot b^{\alpha}$.

二、对数

1. 对数定义、常用对数、自然对数

2. 对数性质

(1) 零和负数没有对数;

(2) 1 的对数等于 0;

(3) 底的对数等于 1.

对数恒等式 $a^{\log_a N}=N$.

3. 对数的运算法则

如果 $a>0$，且 $a\neq1$，$M>0$，$N>0$，则有：

(1) $\log_a(M\cdot N)=\log_a M+\log_a N$;

(2) $\log_a\left(\dfrac{M}{N}\right)=\log_a M-\log_a N$;

(3) $\log_a M^{\alpha}=\alpha\log_a M$（$\alpha$ 为实数）.

单元测试

一、判断题

1. 在 $\log_2 4=2$ 中，底数为 2，真数也是 2.（　　）

2. $10^{-3}=0.001$.（　　）

3. $\pi^0=1$.（　　）

4. $\log_a(M+N)=\log_a M+\log_a N$.（　　）

5. 16 的四次方根是 2.（　　）

6. 负数没有偶次方根.（　　）

7. $2^{-3}=\dfrac{1}{8}$化为相应的对数式为 $\log_2\dfrac{1}{8}=-3$.（　　）

8. 以 10 为底的对数称为常用对数.（　　）

9. $\log_a x^5=5\log_a x$.（　　）

10. $5^{\log_5\sqrt{2}}=\sqrt{2}$.（　　）

二、填空题

11. 8 的立方根是________，81 的平方根是________.

12. 若 $a>0$，且 $a\neq1$，则 $\log_a 1=$________，$\log_a a=$________.

13. 指数式 $64^{-\frac{1}{3}}=\dfrac{1}{4}$的对数式是________.

14. 对数式 $\log_5 x=-3$ 的指数形式是________.

15. $\sqrt[3]{27}=$________，$\sqrt{(-3)^2}=$________.

16. $4^{\frac{1}{3}}\times64^{\frac{1}{3}}=$________，$\ln e=$________.

17. $\lg\frac{1}{1000}=$____________，$\log_2\sqrt{8}=$____________.

18. $7^{\log_7 5}=$____________.

19. $(10^{\frac{1}{3}}\times10^{-6})^6=$____________.

20. $\log_3 9+\log_3\frac{1}{3}=$____________.

三、解答题

21. 用 $\log_a x$、$\log_a y$、$\log_a z$ 表示下列各式：

（1）$\log_a(x^3\cdot y^5)$；（2）$\log_a\frac{\sqrt[4]{y}\sqrt{x}}{z^2}$.

22. 求值：

（1）$\left(\frac{1}{3}\right)^{-3}$；（2）$25^{-\frac{1}{2}}$；（3）$\lg 0.01$；（4）$\log_5 625$.

23. 利用运算法则计算：

（1）$\log_3(3^4\times9^3)$；（2）$2\times\sqrt[3]{2}\times\sqrt[6]{2}\times\sqrt[9]{2}$.

课题3 函数计算器的功能简介

计算器是一种运算准确、使用方便的计算工具，我们在日常生活中许多用心算、口算做不出的题目，用计算器可以轻而易举地解决. 常见的有简单型计算器、函数型计算器、图形计算器等.

项目 3.1 计算器的简单运算

案例导入 遇到问题，调整好状态应对吧！

计算器可以进行哪些运算？你有哪种型号的计算器？

【分析】 函数型计算器有单行显示和双行显示两种. 双行显示计算器的液晶屏第一行显示输入的数学式，第二行显示计算器结果. 液晶屏底部显示计算器的计算状态、当前单位等. 双行显示计算器中数学式的输入顺序与我们平常书写数学式的顺序基本一致，输入错误时还可在原有表达基础上加以修改. *fx*-82MS 是专为中国中等学校教育市场开发的函数型计算器，如图 3-1 所示.

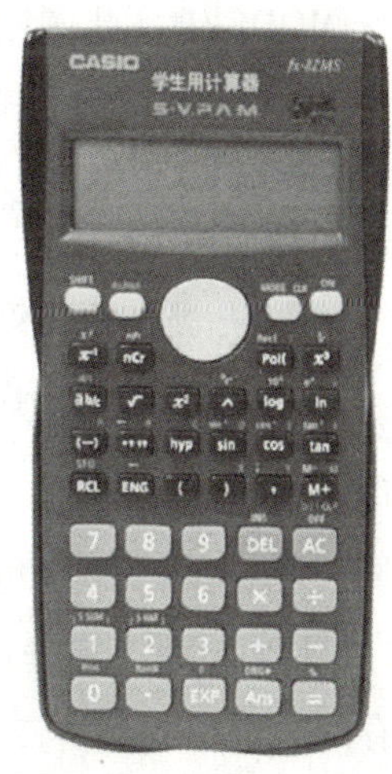

图 3-1

【解】 下面以 CASIO *fx*-82MS 型计算器为例介绍双行显示函数型计算器的简单功能. CASIO *fx*-82MS 型计算器有修改、插入、删除等功能，229 种计算功能，9 种基本计算模式，10 位数 +2 位指数显示，三角函数与反三角函数、科学计数法、百分率计算、分数计算、组合和排列、极坐标/直角坐标变换、常用及自然对数、指数、双曲/反双曲函数、统计回归计算、随机数、π、小数位数、有效位数舍入、十六进制与十进制的换算、平方根、立方根、根、平方、立方、倒数、阶乘等.

怎么样？感觉到计算器的功能强大了吧. 首先，按键上的标记指示该键输入值或者它所执行的功能；其次，每个按键上方的印刷文字标示了该键的第二功能，你得按下 SHIFT，接着按功能键，就会执行该键上方标示的第二功能了.

3.1.1 计算器的常用键

ON 键：按此键打开电源，液晶屏显示数“0.”并闪动光标，表明计算器处于工作状态. 此键还具有数据清除功能，按下此键将清除液晶屏上输入行及结果中的数据.

AC 键：按此键将清除液晶屏上输入行及结果中的数据。

OFF 键：按此键关闭电源，计算机器一般都有自动关机功能，如果持续数分钟没有任何操作，计算器会自动关闭电源.

MODE 键：此键用来转换计算器的计算状态，按此键后液晶显示三种计算状态：（COMP）为普通计算状态（按数字 1 得）；（SD）为标准方差计算状态（按数字 2 得）；（REG）为回归计算状态（按数字 3 得），选择回归类型后，液晶屏底部显示 REG.

◁ ▷ 键：移位键，按键左移光标，按键右移光标.

SHIFT 键：此键为第二功能键，放在面板的左上方并用黄色标记，相应的功能键也用黄色标记. 按 SHIFT + 功能键（先按 SHIFT 键，再按功能键，以下相同），就可得到“功能键”的第二种功能.

ALPHA 键：字母 ALPHA 常用红色标记. ALPHA 键 + 功能键可以实现数据的存入、取出与计算. 具体操作下面介绍.

DEL 键：此键用来修改输入式错误.

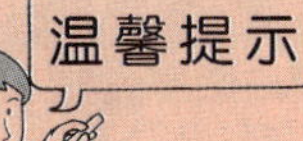

假如按键第二功能标记文字是黄色，SHIFT键＋功能键，即可使用本应用键的功能.

假如按键第二功能标记文字是红色，ALPHA键＋功能键，即可输入可用的变量、常数和符号.

3.1.2　基本运算

请用计算器计算：

例1　2.8765×(12345+7).

【按键】　2.8765 × (12345 + 7) =

结果行显示：35530.528.

例2　6.2358×（2×10^{-9}).

【按键】　6.2358 × (2 × SHIFT 10^x (− 9) =

结果行显示：1.24716×10^{-8}.

1. 进行基本运算时请使用COMP模式.
2. 计算器中的 + 键既代表加号又代表正号，− 键代表负号.

例3　$15.987+32\div(-2)^3-(-4)^2\times5$.

计算一个数的平方或立方，应先键入这个数，然后按 x^2 或 x^3 键.

【按键】　15.987 + 32 ÷ (− 2) x^3 − (− 4) x^2 × 5 =

结果行显示：−68.013.

在计算结尾时，省略任何 = 前面的右括号)，不影响计算结果.

用计算器计算：

（1）$(-6)^3+77^2$；　　（2）$99-(6\times10^{-2})-(-3)^2$.

3.1.3 分数的计算

请计算$\frac{17}{29}+6\frac{4}{19}-\frac{28}{47}$.

【分析】 本题如果用手算很容易算错，如果用计算器可以轻而易举地算出结果.

【按键】 17 [a b/c] 29 [+] 6 [a b/c] 4 [a b/c] 19 [−] 28 [a b/c] 47 [=]

结果显示：6.200988531.

温馨提示

按键 [a b/c] 可以输入分数，输入$\frac{2}{3}$时按键为 2 [a b/c] 3 ，液晶屏显示 2⌋3. 输入$2\frac{6}{73}$时按键为 2 [a b/c] 6 [a b/c] 73 ，液晶屏显示为 2⌋6⌋73.

例 4 $\frac{2}{3}+1\frac{4}{5}$.

【按键】 2 [a b/c] 3 [+] 1 [a b/c] 4 [a b/c] 5 [=]

结果显示：2⌋7⌋15. 所以$\frac{2}{3}+1\frac{4}{5}=2\frac{7}{15}$.

例 5 $\frac{1}{2}+1.6$.

【按键】 1 [a b/c] 2 [+] 1.6 [=]

结果显示：2.1.

分数、小数混合计算的结果最终会以小数表示.

(1) $\frac{16}{27}+5\frac{4}{19}$；(2) $\frac{4}{9}-\frac{1}{3}+4\frac{10}{29}$；(3) $2.99-(6\times10^{-2})-(-3)^2$.

3.1.4 百分比计算

请计算7893的百分之几为256.

【分析】 本题如果用手算很容易算错，如果用计算器可以轻而易举地算出结果. 请先列出此题的算式.

【按键】 256 [÷] 7893 [SHIFT] [%] [=]

结果显示3.24338021，即说明7893的百分之3.24为256.

使用COMP模式进行百分比计算.

例6 计算1200的13%.

【按键】 1200 [×] 13 [SHIFT] [%] [=]

结果显示：156.

例7 求890的百分之几为620.

【按键】 620 [÷] 890 [SHIFT] [%] [=]

结果显示：69.66292135. 说明890的百分之69.66为620.

例8 求500增加13%为多少.

【解】 所求为 $500\times(13\%+1)$.

【按键】 500 [×] [(] 13 [SHIFT] [%] [+] 1 [)] [=]

结果显示：565.

例 9 求 3500 减少 32% 为多少?

【按键】 3500 [×] [(] 1 [−] 32 [SHIFT] [%] [)] [=]

结果显示：2380.

计算 800 的 14% 的值，当 800 增加 14% 时的值，若 800 减少 20% 的值分别是多少?

习　　题

用计算器计算：

(1) $(-9)^9+77^2$;　　(2) $109-(2\times10^{-2})+(-8)^4$;

(3) $\frac{12}{87}+1\frac{11}{304}-7\frac{3}{55}$;　　(4) $\frac{66}{1999}-2\frac{3}{7}$;

(5) 计算 809 的 14%；以及当 1234 增加 14% 时的值；若 890 减少 13% 是多少?

项目 3.2　计算器的函数计算

案例导入 遇到问题，调整好状态应对吧!

请用计算器计算　lg98.

【分析】 本题我们会利用查对数表得出结果，如果用计算器可以更快地算出结果.

【按键】 [log] 98 [=]

结果显示：1.991226076.

3.2.1　科学函数计算

常用自然对数/反对数

例 10 用计算器计算 lg1.83.

【按键】 [log] 1.83 [=]

结果显示：0. 262451089.

例 11　用计算器计算 ln86.

【按键】　[ln] 86 [=]

结果显示：4. 454347296.

例 12　用计算器计算 e^{10}.

【按键】　[shift] [e^x] 10 [=]

结果显示：22026. 46579.

例 13　用计算器计算 $10^{0.5}$.

【按键】　[shift] [10^x] 0. 5 [=]

结果显示：3. 16227766.

例 14　用计算器计算 5^4.

【按键】　5 [∧] 4 [=]

结果显示：625.

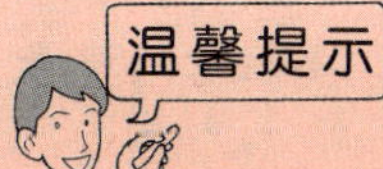

1. 使用 COMP 模式进行科学函数计算.
2. π =3. 14159265359.
3. 计算器中的 [∧] 即表示 x^y.

用计算器计算：

lg 8. 43；1.2^9；ln 560；e^{17}；$10^{1.6}$.

3. 2. 2　平方根、立方根、方根、平方、立方、倒数、阶乘和圆周率

求一个数的平方根或立方根时要先键入 [√] 键或 [∛] 键，然后再键入这

个数.

例 15 用计算器计算$\sqrt{2}+\sqrt{3}\times\sqrt{5}$.

【按键】 [√] 2 [+] [√] 3 [×] [√] 5 [=]

结果显示：5.287196909.

例 16 用计算器计算 $\sqrt[7]{123}$.

【按键】 7 [SHIFT] [$\sqrt[x]{\ }$] 123 [=]

结果显示：1.988647795.

例 17 用计算器计算 $\sqrt[3]{-729}+3\sqrt{8.1\times121}$.

【按键】 [SHIFT] [$\sqrt[3]{\ }$] [(] [−] 729 [)] [+] 3 [×] [√] [(] 8.1 [×] 121 [)] [=]

结果显示：84.91964651.

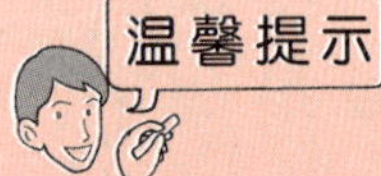

1. 使用 COMP 模式进行根式计算.

2. 当根号下面出现两个数或两个以上的数之间运算时，要注意给根号下的数学式加括号，否则会得不到应得的结果.

例 18 用计算器计算 10!；C_{35}^{16}；A_{50}^{25}.

【按键】 10 [SHIFT] [x!] [=]

结果显示：3628800.

【按键】 35 [nCr] 16 [=]

结果显示：4059928950.

【按键】 50 [SHIFT] [nCr] 25 [=]

结果显示：1.960781468×10^{39}，即 $A_{50}^{25}=1.960781468\times10^{39}$.

用计算器计算：

$\sqrt{7}-\sqrt{5}\times\sqrt{2}$；4!；$\sqrt[9]{89}$；4.8π；$C_{23}^{5}$；$A_{43}^{5}$.

3.2.3 角度与弧度的互化

进行角度单位互化首先要设置转化后的单位，要化成角度时，按 [MODE] [MODE] 1，液晶屏底部显示 D；要化成弧度时，要按 [MODE] [MODE] 2，液晶屏右上部显示 R，[SHIFT] [Ans] 键输入转化前的单位，[SHIFT] [Ans] 1 输入角度；[SHIFT] [Ans] 2 输入弧度. [SHIFT] + [Exp] 键输入 π.

例 19 将 12°化为弧度.

【按键】 [MODE] [MODE] 2 12 [SHIFT] [Ans] 1 [=]

结果显示：0.20943951.

例 20 将 $\frac{3}{4}$rad 化为角度.

【按键】 [MODE] [MODE] 1 [(] 3 [÷] 4 [)] [SHIFT] [Ans] 2 [=]

结果显示：42.97183463.

用键 [°′″] 可把度化为度、分、秒表示.

上题结果 42.97183463 [°′″] [=]

结果显示：42°58°18.6，即 42°58′18.6″.

将下列各角度进行互化：

123°；$\frac{3\pi}{7}$rad；46.89；9rad.

3.2.4 三角函数与反三角函数

计算器可以直接用来计算角的 sin，cos，tan 值，但不能直接计算三角函数

sec，csc，cot 的值，根据三角函数的定义，可以分别用 sin，cos，tan 的倒数（按键 $\boxed{x^{-1}}$）来计算.

例 21 用计算器求 cot85°.

【按键】 $\boxed{\text{MODE}}$ $\boxed{\text{MODE}}$ $\boxed{1}$ $\boxed{(}$ $\boxed{\tan}$ 85 $\boxed{)}$ $\boxed{x^{-1}}$ $\boxed{=}$

结果显示：0. 087488663.

使用 COMP 模式进行三角函数计算.

例 22 $\sin^{-1}(-0.7)$.

【按键】 $\boxed{\text{MODE}}$ $\boxed{\text{MODE}}$ 1 $\boxed{\text{SHIFT}}$ $\boxed{\sin}$ $\boxed{(}$ $\boxed{-}$ 0. 7 $\boxed{)}$ $\boxed{=}$

结果显示：−44. 472004，所以 $\sin^{-1}(-0.7)=-44.4°$.

【按键】 $\boxed{\text{MODE}}$ $\boxed{\text{MODE}}$ 2 $\boxed{\text{SHIFT}}$ $\boxed{\sin}$ $\boxed{(}$ $\boxed{-}$ 0. 7 $\boxed{)}$ $\boxed{=}$

结果显示：−0. 775397496，所以 $\sin^{-1}(-0.7)=-0.7754\text{rad}$.

例 23 $\cot\left(-\frac{\sqrt{3}}{3}\right)$

【按键】 $\boxed{\text{MODE}}$ $\boxed{\text{MODE}}$ 1 $\boxed{\text{SHIFT}}$ $\boxed{\tan}$ $\boxed{(}$ $\boxed{-}$ $\boxed{\sqrt{\ }}$ 3 $\boxed{\div}$ 3 $\boxed{)}$ $\boxed{=}$

结果显示：−30，所以 $\cot\left(-\frac{\sqrt{3}}{3}\right)=-30°$.

【按键】 $\boxed{\text{MODE}}$ $\boxed{\text{MODE}}$ 2 $\boxed{\text{SHIFT}}$ $\boxed{\tan}$ $\boxed{(}$ $\boxed{-}$ $\boxed{\sqrt{\ }}$ 3 $\boxed{\div}$ 3 $\boxed{)}$ $\boxed{=}$

结果显示：−0. 523598775，所以 $\cot\left(-\frac{\sqrt{3}}{3}\right)=-0.523\text{rad}$.

用计算器计算：

$\cos^{-1}\left(\frac{\sqrt{2}}{2}\right)$；$\tan(-0.9)$；$\csc^{-1}0.9$.

习　题

用计算器计算：

1. $\lg 8.03$；3.2^{11}；$\ln 9.8$；$e^{0.4}$；$10^{-0.8}$.

2. $\sqrt{11}-\sqrt{5}\div\sqrt{3}$；$10!$；$\sqrt[11]{809}$；$0.9\pi$；$C_{21}^{9}$；$A_{40}^{10}$.

3. $\cos^{-1}\left(\frac{\sqrt{2}}{2}\right)$；$\tan(-0.99)$；$\csc^{-1}0.9$；$\tan(-0.9)$；$\csc 0.9$.

课题4　函　数

函数是刻画客观世界的重要数学模型，运用函数可以帮助我们研究量和量之间的变化规律．函数在经济营销、工程、生物、社会科学等学科中有着相当重要的应用．

项目 4.1　函数的概念及性质

案例导入　遇到问题，调整好状态应对吧！

图 4-1 是一个底面积为 15cm^2，高度是 10cm 圆柱形的玻璃杯．请写出用杯中水的深度表示杯中水体积的代数式，并确定水的深度的取值范围．

【分析】　根据圆柱体的体积计算公式，有

杯中的水体积 = 底面积 × 水深．

显然，影响杯中水的体积的因素有底面积和高．当底面积不变时，水的深度增加，水的体积就会增加，并且水的深度介于 0 ~ 10cm 之间．

【解】　设杯中水的深度为 h，杯中水的体积为 V．由圆柱体的体积计算公式，有

$$V = 15h，0 \leqslant h \leqslant 10.$$

图 4-1

对于此案例所描述的水的深度的变化引起水的体积的变化存在的关系，我们称之为函数关系．而在初中，我们习惯于用不等式表示一个未知数的取值范围，而现在为了更方便地学好函数，我们引进集合和区间两个概念．

4.1.1 集合和区间的概念

知识梳理 把空白处填好，你就归纳好重点啦.

当 a、b 都为实数且 $a<b$ 时，以下四个不等式①$a\leqslant x\leqslant b$，②$a<x<b$，③$a\leqslant x<b$，④$a<x\leqslant b$ 分别对应实数 x 的四种集合. 这四种集合都可用区间的形式来表示，实数 a 和 b 称为相应区间的端点. 我们对这四种集合的具体规定如下：

名称	闭区间	开区间	半开半闭区间	半开半闭区间
不等式	$a\leqslant x\leqslant b$	$a<x<b$	$a\leqslant x<b$	$a<x\leqslant b$
集合	$\{x\mid$____$\}$	$\{x\mid$____$\}$	$\{x\mid$____$\}$	$\{x\mid$____$\}$
举例	如____	如____	如____	如____
区间	$[a, b]$	(a, b)	$[a, b)$	$(a, b]$
数轴表示	a b	a b	a b	a b

在数轴上表示这四种区间时，a 和 b 是线段的端点，实心端点表示它自身包括在区间内，空心端点表示它自身不包括在区间内.

除上面提到的四种集合外，符合不等式 $x\geqslant a$，$x\leqslant b$，$x>a$，$x<b$ 的实数 x 的集合也可用区间表示，其表示方法与上面四种区间类似. 需注意的是，这些区间只有一个端点，另一端对应数轴的无穷远处. 为此，我们规定：符号“∞”表示无穷大，“$+\infty$”表示正无穷大，“$-\infty$”表示负无穷大.

全体实数的集合可以用 **R** 表示，也可用区间表示为 $(-\infty, +\infty)$.

1. $\{x\mid x\leqslant 1\}$用区间表示为____；$\{x\mid x>-1\}$用区间表示为____.

2. 用区间的形式表示下列各集合.

(1) $\{x\mid -5<x\leqslant -2\}$；　　(2) $\{x\mid 3\leqslant x<8\}$；

(3) $\{x\mid x\geqslant -1\}$；　　(4) $\{x\mid x<5\}$.

4.1.2 函数的概念

把空白处填好，你就归纳好重点啦.

在案例中，根据圆柱体的体积计算公式，有 $V=15h$（圆柱的体积等于底面积乘以高）. 这里，h 和 V 都是变量. 上式确定了两个变量的对应关系：只要给定一个 h 值，就有唯一的 V 值与它相对应. 同时，杯中水的高度不会超过杯子的高度，所以 h 的取值范围是 $[0,\ 10]$.

温馨提示

一般地，设 x、y 是两个变量，当 x 在某个数集 D（即 x 的取值范围）内取任意一个确定的值，按照某个确定的对应关系 f，y 都有唯一的值与 x 对应，那么我们就说 x 是自变量，y 是变量 x 的函数，数集 D 是这个函数的定义域.

如果用 x 表示自变量，用 y 表示自变量 x 的函数. 案例中函数关系式为________，其中自变量 $x\in$________.

通常将 y 是 x 的函数记作 $y=f(x)$，$x\in D$. 当自变量 x 在定义域中取确定的值 a 时，它所对应的函数值记作 $f(a)$. 所有函数值组成的集合叫做函数的值域.

在案例中：杯中水的深度 $0\leqslant x\leqslant 10$，杯中水的体积与水的深度的关系为 $y=15x$，所以 $0\leqslant y\leqslant 150$. 并且随着 x 的变化，y 能得到 $[0,\ 150]$ 内的任意一个值. 由此可知函数 $y=15x$ （$x\in[0,\ 10]$）的值域是________.

如果一个函数的定义域没有被特别指出，那么就认为这个函数的定义域是使函数表达式有意义的所有实数组成的集合. 比如，函数 $y=\dfrac{1}{x}$ 的定义域是除 0 以外的所有实数组成的集合. 再如，函数 $y=\sqrt{x}$ 的定义域是非负实数集.

例 1 设 $f(x)=x^2-2x+3$，求 $f(0)$，$f(3)$，$f(-3)$，$f(a)$.

【解】 $f(0)=0^2-2\times 0+3=3$.

$f(3)=3^2-2\times 3+3=6$.

$f(-3)=(-3)^2-2\times(-3)+3=18$.

$f(a)=a^2-2a+3$.

例 2 求函数 $f(x)=\sqrt{x+2}$ 的定义域.

【解】　要使函数 $f(x)=\sqrt{x+2}$ 有意义，则

$$x+2\geqslant 0,$$

即

$$x\geqslant -2.$$

因此，$f(x)=\sqrt{x+2}$ 的定义域是 $[-2,\ +\infty)$.

练一练

1. 设 $f(x)=2x^2-1$，求：$f(1)$，$f(-1)$，$f(0)$，$f(b)$.
2. 求函数 $f(x)=\sqrt{x-4}$ 的定义域.

4.1.3　函数的表示方法

知识梳理　　把空白处填好，你就归纳好重点啦.

表示一个函数的方法有解析法、________和图像法.

1. 解析法

在本节案例中给出的函数 $V=15h$ 就是用代数式来表示两个变量间的关系，这种表示函数的方法叫做解析法.

练一练

列举用解析法表示的函数，$y=$________，$y=$________，$y=$________.

2. 列表法

列表法是指用表格来表示两个变量之间的函数关系的方法. 下表是一个例子，它记录了李明上小学时数学的期末考试成绩.

学期	1	2	3	4	5	6	7	8	9	10	11	12
成绩	95	90	88	92	87	83	94	85	93	89	94	96

上表中，学期序号和成绩是两个变量. 表中列出了不同学期序号对应的成绩.

3. 图像法

图像法是指用图像来表示两个变量之间的函数关系的方法.

如图 4-2 是某股票价格走势图. 从图中可看出股票单价随着时间的变化而不断起伏；任意时刻都对应着唯一的股票单价. 所以，在这里股票单价是时间的函数.

例 3　画出函数 $y=6x$ （$x\in(0,\ 10]$）的图像.

【解】　$y=6x$ 是一次函数，而定义域是 $(0,\ 10]$，由此可知图像是一条直线段，所以只要描出函数 $y=6x$ 图像的两个端点，然后用直尺将这两个端点连接

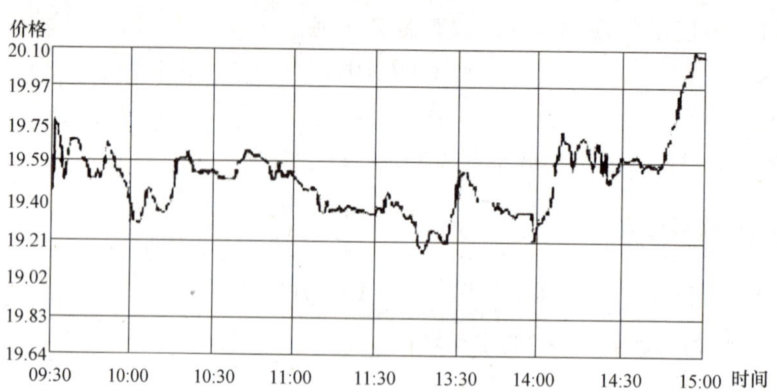

图 4-2　某股票价格走势图

起来即可.

列表：

x	0	10
y	0	60

描点：描出以（0，0）为坐标的点 A，再描出以（10，60）为坐标的点 B.

连线：通过点 A 和点 B 画出一条直线段. 如图 4-3 所示直线段 AB 就是函数 $y=6x(x\in(0,10])$ 的图像. 应特别注意的是，由于图像中不包括点 A（0，0），因此，点 A 用空心点表示.

图　4-3

1. 试举出一个用列表法表示函数的例子.
2. 画函数 $y=-x+3\ (x\in(-1,5))$ 的图像.

4.1.4　函数的单调性

把空白处填好，你就归纳好重点啦.

请观察函数 $y=x^2$ 的图像（见图 4-4），总结函数值随自变量取值的变化规律.

从函数 $y=x^2$ 的图像中可以看出：

（1）y 轴左侧，即在区间 $(-\infty,0]$ 上，自变量越大函数值________；

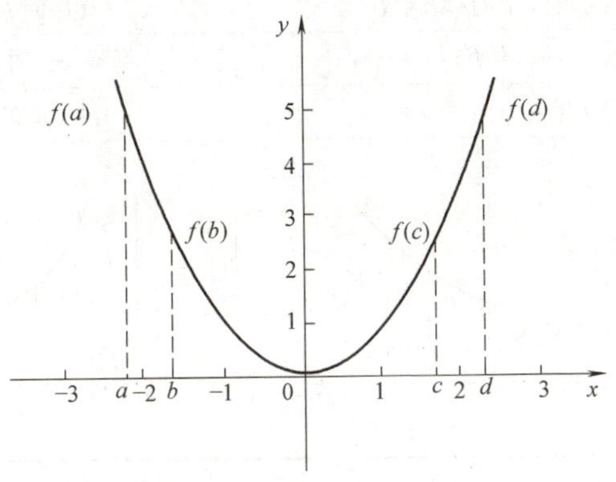

图 4-4

(2) y 轴右侧，即在区间 $[0, +\infty)$ 上，自变量越大函数值________.

温馨提示

a、b 是在区间 $(-\infty, 0]$ 上任取的两个自变量的值，设定 $b>a$，则 $f(b)<f(a)$.

c、d 是在区间 $[0, +\infty)$ 上任取的两个自变量的值，设定 $d>c$，则 $f(d)>f(c)$.

用数学语言来定义上述现象：

如果函数 $y=f(x)$ 在区间 I 上是增函数或减函数，那么就说函数 $y=f(x)$ 在区间 I 上具有单调性，区间 I 叫做函数 $y=f(x)$ 的单调区间.

温馨提示

一般地，在函数 $f(x)$ 定义域内某个给定区间 I 上，任选两个自变量的取值 x_1、x_2，如果当 $x_2>x_1$ 时，总有 $f(x_2)>f(x_1)$，我们就说函数 $f(x)$ 在区间 I 上是增函数；如果当 $x_2>x_1$ 时，总有 $f(x_2)<f(x_1)$，我们就说函数 $f(x)$ 在区间 I 上是减函数.

在单调区间上，增函数的图像是上升的，减函数的图像是下降的.

下表总结了增函数、减函数的定义和特征.

类　型	(区间 I 上的)增函数	(区间 I 上的)减函数
条件	当 $x_2>x_1$ 时,有 $f(x_2)>f(x_1)$	当 $x_2>x_1$ 时,有 $f(x_2)<f(x_1)$
图像特征	沿 x 轴正方向图像上升	沿 x 轴正方向图像下降
图例		

例 4　函数 $y=f(x)$ 的定义域是 $[-10, 10]$，图 4-5 是它的图像. 根据图像指出函数 $y=f(x)$ 的单调区间，以及在每一个单调区间上函数 $y=f(x)$ 是增函数还是减函数？

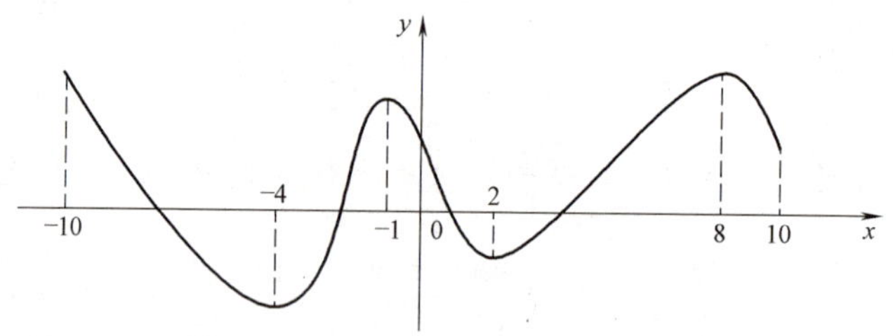

图　4-5

【解】　函数 $y=f(x)$ 的单调区间有：$[-10, -4]$，$[-4, -1]$，$[-1, 2]$，$[2, 8]$，$[8, 10]$. 其中函数 $y=f(x)$ 在区间 $[-10, -4]$、$[-1, 2]$、$[8, 10]$ 上是减函数；在区间 $[-4, -1]$、$[2, 8]$ 上是增函数.

画出下列函数的草图，指出下列函数的单调区间，并判断它们在各单调区间的增减性.

(1) $f(x)=-\frac{1}{3}x+6$；　　(2) $f(x)=-\frac{5}{x}$；

(3) $f(x)=x^2+6$；　　(4) $f(x)=-(x-2)^2$.

习　　题

1. 求下列函数的定义域.

（1）$y=\sqrt{x-3}$；（2）$y=\dfrac{x}{x+1}$；（3）$y=\sqrt{x+2}+\sqrt{2-x}$.

2. 已知函数 $f(x)=2x^2-5$，$x\in\mathbf{R}$，求 $f(3)$，$f(0)$，$f(-2)$，$f(a+1)$ 以及函数的值域.

3. 画出函数 $y=-2x+1$ 的图像并判断其单调性.

项目 4.2　幂函数

案例导入　遇到问题，调整好状态应对吧！

观察以下三个例子量与量之间的关系.

（1）一件商品单价为 1 元，x 件商品总价为 y 元，y 如何用含有 x 的代数式表示？

（2）正方形边长为 a，面积为 S，S 如何用含有 a 的代数式表示？

（3）甲、乙两地之间距离为 1km，若汽车以 v km/h 的速度从甲地驶向乙地，则所用时间 th 如何用含有 u 的代数式表示？

【分析】（1）一件商品单价为 1 元，两件商品的价格为 2×1 元 $=2$ 元，三件商品的价格为 3 元…．因此，x 件商品总价为 y 元，与件数 x 之间的关系为________.

（2）正方形的面积为边长×边长．因此，面积 S 与边长之间的关系为____.

（3）若汽车 1h 到达，则汽车的速度为 1km/h；若是 2h 到达，则汽车的速度为 $\dfrac{1}{2}$km/h…．因此，th 到达，汽车行驶的速度为____ km/h，所用时间 t 用含有 u 的关系式表示为____.

将自变量换成 x，x 的函数用 y 表示，则上述三个问题的结果分别为________，________，________.

4.2.1　幂函数的定义

把空白处填好，你就归纳好重点啦.

案例中三个问题的共同点是____________________．（答：都是以自变量 x 为幂底数，以常数为幂指数的函数．你归纳的正确吗？）一般地，对于这类函数，有下述定义：

定义：形如 $y=x^{\alpha}$（$\alpha\in\mathbf{R}$）的函数称为幂函数.

幂函数 $y=x^{\alpha}(\alpha\in\mathbf{R})$ 的定义域与 α 的取值有着密切关系，即可根据 α 的不同取值确定幂函数的定义域，例如：

幂函数 $y=x^{\alpha}$	定义域	幂函数 $y=x^{\alpha}$	定义域
$y=x^3$	$(-\infty,+\infty)$	$y=x^{-2}=\frac{1}{x^2}$	$(-\infty,0)\cup(0,+\infty)$
$y=x^{\frac{1}{2}}=\sqrt{x}$	$[0,+\infty)$	$y=x^{-\frac{1}{2}}=\frac{1}{\sqrt{x}}$	$(0,+\infty)$

4.2.2 幂函数的图像和性质

把空白处填好，你就归纳好重点啦.

在同一坐标系中，用描点法可作出 $y=x$，$y=x^2$ 和 $y=x^3$ 的图像，如图 4-6 所示.

在同一坐标系中，用描点法作出 $y=x^{-1}=\frac{1}{x}$，$y=x^{-2}=\frac{1}{x^2}$ 的图像，如图 4-7 所示.

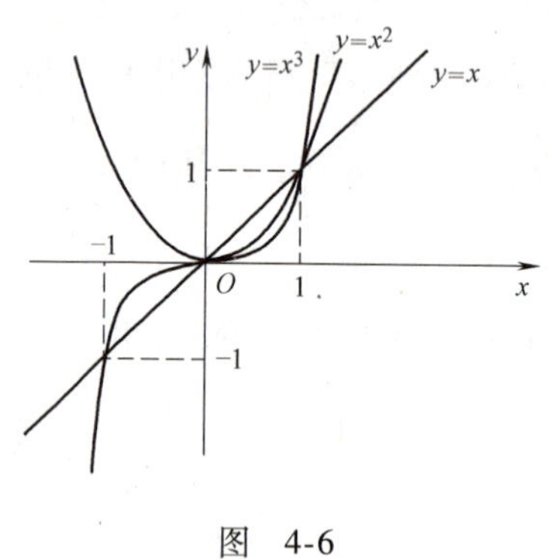

图 4-6

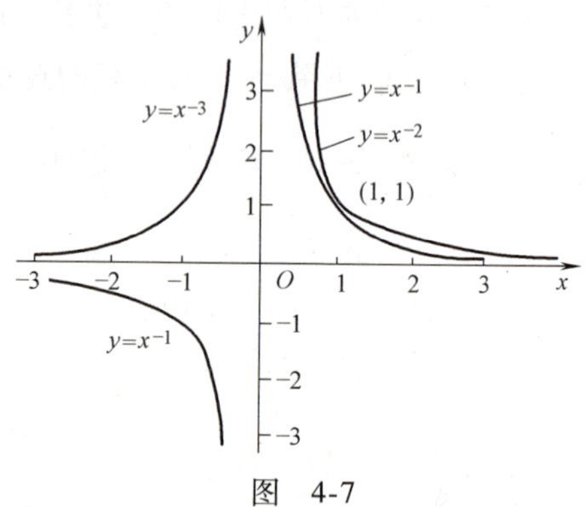

图 4-7

由以上两图可以看到，幂函数 $y=x^{\alpha}$（$\alpha\in\mathbf{R}$）在 $\alpha>0$、$\alpha<0$ 两种情况下的图像特点和性质如下表所示：

$y=x^{\alpha}$	图像特点	函数性质
$\alpha>0$	经过点____和____	在区间________内是增函数
$\alpha<0$	经过点____	在区间________内是减函数

例 5　比较下列各题中两个值的大小.

(1) $1.4^{\frac{3}{2}}$与$(\sqrt{2})^{\frac{3}{2}}$；(2) $\left(\frac{\pi}{6}\right)^{-\frac{2}{3}}$与$\left(\frac{1}{2}\right)^{-\frac{2}{3}}$.

【解】　(1) 因为幂函数 $y=x^{\frac{3}{2}}$ 在 $[0,\ +\infty)$ 内是增函数，又 $1.4<\sqrt{2}$，所以

$$1.4^{\frac{3}{2}}<(\sqrt{2})^{\frac{3}{2}}.$$

(2) 因为幂函数 $y=x^{-\frac{2}{3}}$ 在 $(0,\ +\infty)$ 内是减函数，又 $\frac{\pi}{6}>\frac{3}{6}=\frac{1}{2}$，所以

$$\left(\frac{\pi}{6}\right)^{-\frac{2}{3}}<\left(\frac{1}{2}\right)^{-\frac{2}{3}}.$$

1. 求下列函数的定义域.

(1) $y=x^{-3}$；(2) $y=x^{\frac{3}{2}}$；(3) $y=x^{-\frac{3}{2}}$.

2. 比较下列各题中两个值的大小.

(1) 3.1^{-2}与π^{-2}；(2) $1.7^{\frac{1}{3}}$与$1.8^{\frac{1}{3}}$；(3) $0.4^{-1.3}$与$0.5^{-1.3}$.

习　题

1. 求下列函数的定义域.

(1) $y=x^{\frac{1}{5}}$；(2) $y=x^{-\frac{4}{3}}$；(3) $y=x^{-\frac{3}{4}}$.

2. 比较下列各题中两个值的大小.

(1) $5^{\frac{2}{3}}$与$5.1^{\frac{2}{3}}$；(2) 1.7^{-2}与1.6^{-2}；(3) $7^{-\frac{1}{3}}$与$8^{-\frac{1}{3}}$.

项目 4.3　指数函数

案例导入　遇到问题，调整好状态应对吧！

某种细胞的分裂规律为：一个细胞一次分裂成两个细胞. 请问一个这样的细胞经过 x 次分裂后与得到 y 个与它本身相同的细胞的关系式是怎样的呢？

【分析】　请看下表.

分裂次数	0	1	2	3	4	…	x	…
细胞个数	1	2	4	8	16	…	2^x	…

关于细胞分裂问题，分析如下：

初始细胞个数是 1，此时经过的分裂次数是 0，即 $2^0=1$ 个；

经过第 1 次分裂后细胞的总数是 $2^1=$________个；

经过第 2 次分裂后细胞的总数是 $2^2=$________个；

经过第 3 次分裂后细胞的总数是 $2^3=$________个；

经过第 4 次分裂后细胞的总数是 $2^4=$________个；

⋮

经过第 x 次分裂后细胞的总数是________个.

如果设细胞总数为 y，就可得到细胞总数与分裂次数的函数关系 $y=2^x$. 本节里要研究的就是这类函数.

形如 $y=a^x$（$a>0$，$a\neq1$）的函数叫做指数函数.

由实数指数幂的运算性质可知：当 $a>0$ 时，对于每一个实数 x 的值，都有唯一确定的实数值 a^x 与它对应. 因此，指数函数 $y=a^x$ 的定义域是实数集 **R**.

下面我们研究指数函数 $y=a^x$（$a>0$，$a\neq1$）的图像和性质. 由于 a 的取值范围可以分为 $0<a<1$ 和 $a>1$ 两部分，我们分别以底数 $a=2$ 和 $a=\frac{1}{2}$ 为例进行讨论.

为了便于研究，我们在同一个平面直角坐标系中用描点法画函数 $y=2^x$ 和 $y=\left(\frac{1}{2}\right)^x$ 的图像. 列表如下所示.

x	…	-3	-2	-1	$-\frac{1}{2}$	0	$\frac{1}{2}$	1	2	3	…
$y=2^x$	…	$\frac{1}{8}$	$\frac{1}{4}$	$\frac{1}{2}$	0.71	1	1.41	2	4	8	…
$y=\left(\frac{1}{2}\right)^x$	…	8	4	2	1.41	1	0.71	$\frac{1}{2}$	$\frac{1}{4}$	$\frac{1}{8}$	…

从图像 4-8 上可以看出，两函数相同的性质有：

（1）两个图像都在 x 轴上方，所以这两个函数的值域都是 $\mathbf{R}_+$；

（2）两个图像都经过点（0，1），可见当 $x=0$ 时，对这两个函数都有 $y=1$.

两函数不同的性质有：

（1）函数 $y=2^x$ 的图像沿 x 增大的方向是上升的，所以它在（$-\infty$，$+\infty$）上是增函数；

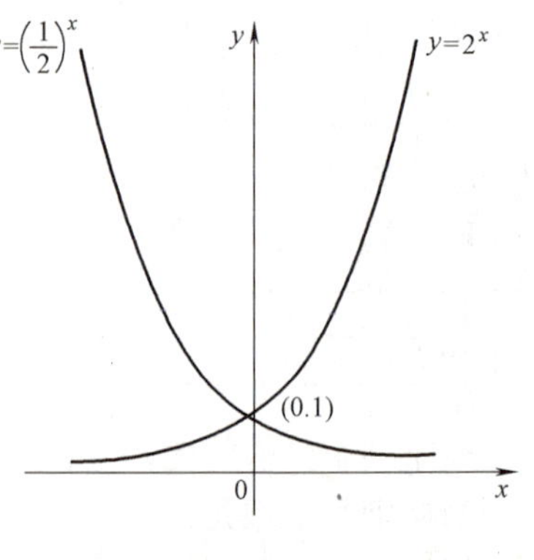

图 4-8

（2）函数 $y=\left(\frac{1}{2}\right)^x$ 的图像沿 x 增大的方向是下降的，所以它在（$-\infty$，$+\infty$）上是减函数.

一般地，指数函数 $y=a^x(a>0,\ a\neq1)$ 的图像和性质如下：

<table>
<tr><td rowspan="2">函数</td><td colspan="2">$y=a^x, x\in\mathbf{R}$</td></tr>
<tr><td>$a>1$</td><td>$0<a<1$</td></tr>
<tr><td>图像</td><td> 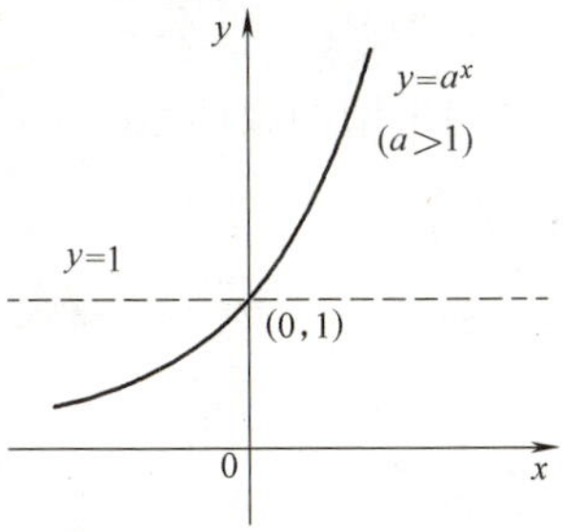y
$y=a^x$
$(a>1)$
$y=1$
$(0,1)$
0　x</td><td> 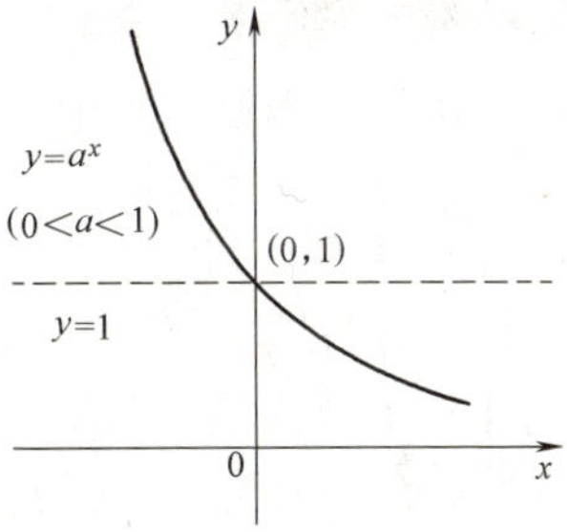y
$y=a^x$
$(0<a<1)$
$(0,1)$
$y=1$
0　x</td></tr>
<tr><td rowspan="2">性质</td><td colspan="2">(1)定义域是$(-\infty,+\infty)$，值域是$(0,+\infty)$
(2)当 $x=0$ 时，$y=1$</td></tr>
<tr><td>(3)在$(-\infty,+\infty)$内是增函数</td><td>(3) 在$(-\infty,+\infty)$内是减函数</td></tr>
</table>

例 6　利用指数函数的性质比较下列各题中两个实数的大小.

（1）$3^{3.6}$ 与 $3^{2.8}$；（2）$\left(\frac{1}{2}\right)^{2.5}$ 与 $\left(\frac{1}{2}\right)^{3}$.

【解】　（1）指数函数 $y=3^x$ 是增函数. 因为 $3.6>2.8$，所以 $3^{3.6}>3^{2.8}$.

（2）指数函数 $y=\left(\frac{1}{2}\right)^x$ 是减函数. 因为 $2.5<3$，所以 $\left(\frac{1}{2}\right)^{2.5}>\left(\frac{1}{2}\right)^{3}$.

例 7　假设银行中一年定期的存款利率是 2.25%，利息的税率是 20%. 若把你的压岁钱 1000 元存入银行，存放方式为一年期整存整取，而且办理了到期自动转存业务，那么 x 年后到期取出，连本带息共有多少元？由此计算 5 年后应取出多少钱？（精确到 0.01）

【解】　一年后到期取出，连本带息共有

$$\begin{aligned}&1000+1000\times2.25\%\times(1-20\%)\\=&1000\times(1+2.25\%\times80\%)\\=&1000\times1.018(\text{元}).\end{aligned}$$

如果到期自动转存，两年后到期本息共有

$$\begin{aligned}&(1000\times1.018)+(1000\times1.018)\times2.25\%\times(1-20\%)\\=&1000\times1.018\times(1+2.25\%\times80\%)\end{aligned}$$

$=1000\times1.018^2$(元).

依此类推，x 年后到期取出，本息的和（单位：元）用 y 表示，y 与 x 的关系是

$$y=1000\times1.018^x.$$

将 $x=5$ 代入上式，5 年后取出，连本带息共有 1000 元 $\times1.018^5\approx$ 1093.30 元.

1. 指出下列指数函数在 $(-\infty,+\infty)$ 内是增函数还是减函数.

(1) $y=3^x$; (2) $y=\left(\frac{1}{3}\right)^x$;

(3) $y=\pi^x$; (4) $y=0.3^x$.

2. 比较下列各题中两个实数的大小.

(1) $4^{5.2}$ 与 $4^{5.5}$; (2) 4^{-4} 与 4^{-3};

(3) 0.7^2 与 0.7^3; (4) 0.7^{-2} 与 0.7^{-3}.

3. 某市现有人口 500 万，人口的年自然增长率为 1.2%，10 年后这个城市的人口预计有多少万？x 年后这个城市的人口预计是多少万？（精确到 0.01）

习　题

1. 填空题.

(1) 若 $a^{\frac{3}{5}}>a^{\frac{5}{4}}$，则 a 的取值范围是______________;

(2) $\left(\frac{4}{5}\right)^{\frac{4}{5}}$ 与 1 的大小关系是______________;

(3) 不等式 $4^x>8$ 的解集为______________.

2. 利用指数函数的性质比较大小.

(1) $\left(\frac{\pi}{4}\right)^{-5}$ 与 1; (2) $0.17^{-0.2}$ 与 $0.17^{-0.3}$.

3. 一种产品的年产量为 100 件，在今后的时间里，计划使年产量平均比上一年增加 10%，写出年产量 y（件）随年数 x 变化的函数关系式.

项目 4.4　对数函数

案例导入　遇到问题，调整好状态应对吧！

某种细胞的分裂规律为：1 个细胞一次分裂成 2 个. 一个细胞经过第一次分裂成为 2 个；经过第 2 次分裂成为 4 个；…那么，第几次分裂后恰好出现 16 个细胞？第几次分裂后恰好出现 128 个细胞？

【分析】　设这样的细胞经过 x 次分裂后，得到的细胞个数是 y. 根据上节所述可以知到，以分裂次数 x 为自变量就可以得到指数函数

$$y=2^x.$$

但是如果反过来把细胞个数设为变量 x，分裂次数为 y 时，那么，同样类似地得到一个指数式：$x=2^y$.

根据对数的定义，指数式 $x=2^y$ 可以写成对数的形式 $y=\log_2 x$.

形如 $y=\log_a x(a>0,\ a\neq1)$ 的函数叫做对数函数.

对数函数 $y=\log_a x$ 根据对数定义可以写成指数式 $x=a^y$. 它与指数函数 $y=a^x$ 相比之下刚好是 x 和 y 换个位置. 因为 $y=a^x$ 的值域是（0，$+\infty$），所以函数 $y=\log_a x$ 的定义域是（0，$+\infty$）；因为 $y=a^x$ 的定义域是（$-\infty$，$+\infty$），所以 $y=\log_a x$ 的值域是（$-\infty$，$+\infty$）.

现在研究对数函数 $y=\log_a x(a>0,\ a\neq1)$ 的图像和性质.

由于 a 的取值范围分成（0，1）和（1，$+\infty$）两部分，所以我们分别以 $y=\log_2 x$ 和 $y=\log_{\frac{1}{2}} x$ 为例画图，如图 4-9，图 4-10 所示.

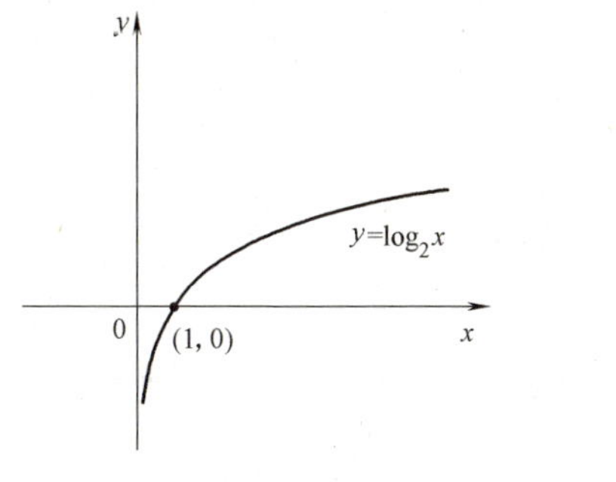

图　4-9

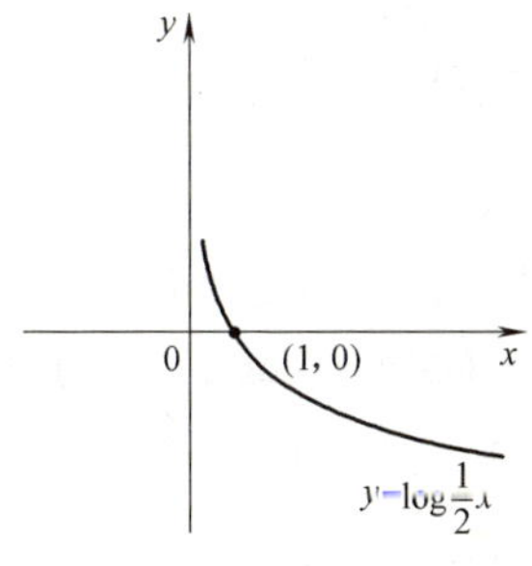

图　4-10

参考上节类似列表：

x	…	$\frac{1}{8}$	$\frac{1}{4}$	$\frac{1}{2}$	1	2	4	8	…
$y=\log_2 x$	…	-3	-2	-1	0	1	2	3	…
$y=\log_{\frac{1}{2}} x$	…	3	2	1	0	-1	-2	-3	…

将对数函数 $y=\log_a x$（$a>0$，$a\neq 1$）的图像和性质列于下表中：

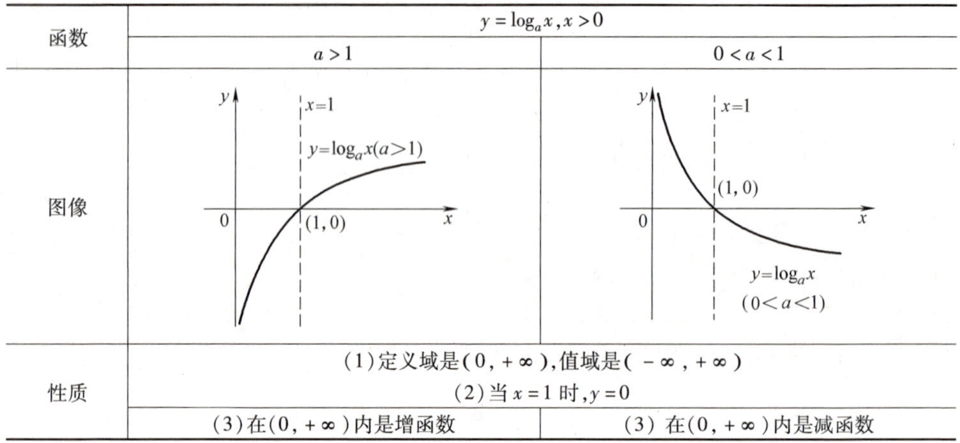

函数	$y=\log_a x, x>0$	
	$a>1$	$0<a<1$
图像		
性质	(1) 定义域是 $(0,+\infty)$，值域是 $(-\infty,+\infty)$ (2) 当 $x=1$ 时，$y=0$	
	(3) 在 $(0,+\infty)$ 内是增函数	(3) 在 $(0,+\infty)$ 内是减函数

例 8 指出下列对数函数在区间（0，$+\infty$）内是增函数还是减函数.

（1）$y=\log_3 x$； （2）$y=\log_{\frac{1}{3}} x$；

（3）$y=\log_{10} x$； （4）$y=\log_{\frac{1}{10}} x$.

【解】 （1）因为 $a=3>1$，所以 $y=\log_3 x$ 在区间（0，$+\infty$）内是增函数.

（2）因为 $a=\dfrac{1}{3}<1$，所以 $y=\log_{\frac{1}{3}} x$ 在区间（0，$+\infty$）内是减函数.

（3）因为 $a=10>1$，所以 $y=\log_{10} x$ 在区间（0，$+\infty$）内是增函数.

（4）因为 $a=\dfrac{1}{10}<1$，所以 $y=\log_{\frac{1}{10}} x$ 在区间（0，$+\infty$）内是减函数.

例 9 在下列各小题中，比较两个实数的大小.

（1）$\log_3 4$ 与 $\log_3 5$；（2）$\log_{\frac{1}{2}} 3$ 与 1.

【解】 （1）对数函数 $y=\log_3 x$ 是增函数. 因为 $4<5$，所以 $\log_3 4<\log_3 5$.

（2）对数函数 $y=\log_{\frac{1}{2}} x$ 是减函数. 因为 $1=\log_{\frac{1}{2}}\dfrac{1}{2}$，$3>\dfrac{1}{2}$，所以 $\log_{\frac{1}{2}} 3<1$.

例 10 假设银行中一年定期的存款利率是 2.25%，利息的税率是 20%. 若把 1000 元存入银行，存取方式为一年期整存整取，而且办理了到期自动转存业务，当这笔钱连本带息超过 1200 元时，至少经过了多少年？

【解】 由上一节的例题可知，存款年数 x 与本息的和 y 成指数函数关系，即

$$y=1000\times 1.018^x.$$

若以本息的和为自变量 x，以存款年数为 y，则两者的关系为

$$y=\log_{1.018}\frac{x}{1000}.$$

将 $x=1200$ 代入上式，可得 $y\approx10.22$.

因为在整存整取的方式下，只有到期才能付当年利息，所以至少 11 年后取出，连本带息才能超过 1200 元.

1. 指出下列对数函数在区间（0，$+\infty$）内是增函数还是减函数.

（1）$y=\log_4 x$；　　（2）$y=\log_{\frac{1}{4}} x$；

（3）$y=\log_7 x$；　　（4）$y=\log_{0.7} x$.

2. 在下列各题中，利用对数函数的性质比较两个实数的大小.

（1）$\log_4 3$ 与 $\log_4 7$；　　（2）$\log_4 0.5$ 与 $\log_4 0.8$；

（3）$\log_{\frac{1}{3}} 2.8$ 与 $\log_{\frac{1}{3}} 3.4$；　　（4）$\log_{\frac{1}{3}} 0.5$ 与 $\log_{\frac{1}{3}} 0.8$.

3. 某市现有人口 500 万，人口的年自然增长率为 1.2%. 以此预计，经过多少年这个城市的人口将突破 700 万？这个城市的人口突破 x 万需要多少年？（结果保留整数）

习　　题

1. 填空题.

（1）函数 $y=\log_{0.3}(x-1)$ 的定义域是________，值域是______________；

（2）若 $\log_a 3>\log_a 5$，则 a 的取值范围为__________________；

（3）若 $\log_{\frac{1}{2}} m<\log_{\frac{1}{2}} n$，则 m，n 的大小关系是__________________.

2. 利用对数函数的性质比较大小.

（1）$\log_{0.3} 3.14$ 与 $\log_{0.3}\pi$；（2）$\lg\frac{5}{6}$ 与 0.

3. 一种放射性物质不断衰变为其他物质. 每经过一年剩余的物质约为原来的 84%，预计经过多少年，剩余量为原来的一半？（结果保留 1 位有效数字）

小结与复习

一、函数的概念和性质

1. 区间的概念

有限区间：$[a,b]=\{x\mid a\leqslant x\leqslant b\}$；　　$(a,b)=\{x\mid a<x<b\}$；

$[a,b)=\{x\mid a\leqslant x<b\}$；　　$(a,b]=\{x\mid a<x\leqslant b\}$.

无限区间：$(a,+\infty)=\{x \mid x>a\}$；　$[a,+\infty)=\{x \mid x\geqslant a\}$；

$(-\infty,b)=\{x \mid x<b\}$；　$(-\infty,b]=\{x \mid x\leqslant b\}$；

$(-\infty,+\infty)=\{x \mid x\in \mathbf{R}\}$.

2. 函数

任取 $x\in D$，按照对应法则 f，若存在唯一的 $y\in M$ 与它对应，则称 y 是 x 的函数，记作 $y=f(x)$. 数集 D 是这个函数的定义域，数集 M 是这个函数的值域.

3. 函数的表示方法

解析法，列表法，图像法.

4. 函数的单调性

设 $f(x)$ 的定义域为 D，在 D 内某个给定区间 I 上任取两个自变量的取值 x_1、x_2, 当 $x_1<x_2$ 时，

（1）若 $f(x_1)<f(x_2)$，则 $f(x)$ 在 I 上是增函数；

（2）若 $f(x_1)>f(x_2)$，则 $f(x)$ 在 I 上是减函数.

二、幂函数的图像和性质

$y=x^{\alpha}$	图像特点	函数性质
$\alpha>0$	经过点$(0,0)$和$(1,1)$	在区间$[0,+\infty)$内是增函数
$\alpha<0$	经过点$(1,1)$	在区间$(0,+\infty)$内是减函数

三、指数函数与对数函数的性质

函数	$y=a^x(a>0$ 且 $a\neq1)$	$y=\log_a x(a>0$ 且 $a\neq1)$
主要性质	(1)定义域:$x\in(-\infty,+\infty)$ (2)值域:$y\in(0,+\infty)$ (3)$x=0$ 时,$y=1$ (4)$a>1$ 时,在$(-\infty,+\infty)$内是增函数; $0<a<1$ 时,在$(-\infty,+\infty)$内是减函数	(1)定义域:$x\in(0,+\infty)$ (2)值域:$y\in(-\infty,+\infty)$ (3)$x=1$ 时,$y=0$ (4)$a>1$ 时,在$(0,+\infty)$内是增函数; $0<a<1$ 时,在$(0,+\infty)$内是减函数

单元测试

一、填空题

1. 不等式$\dfrac{2}{-x+3}>0$ 的解集为________，用区间表示为________.

2. 函数 $y=\sqrt{x+2}+\sqrt{x-3}$的定义域为________________.

3. 比较两个值的大小.

（1）$1.1^{3.1}$ ____ $1.1^{3.2}$；　（2）$\left(\dfrac{3}{5}\right)^{-0.7}$ ____ $\left(\dfrac{5}{3}\right)^{0.7}$；（3）$\left(\dfrac{2}{3}\right)^{0.7}$ ____ 1；

（4）$\log_3 0.4$ ____ $\log_3 0.5$；（5）$\log_{\frac{1}{3}}3$ ____ $\log_{\frac{1}{3}}4$；　（6）$\lg 0.3$ ____ 0.

4. 比较 m、n 的大小关系.

(1) 若 $4^m > 4^n$，则 m ____ n；

(2) 若 $\left(\frac{1}{3}\right)^m > \left(\frac{1}{3}\right)^n$，则 m ____ n；

(3) 若 $\log_5 m > \log_5 n$，则 m ____ n；

(4) 若 $\log_{0.5} m > \log_{0.5} n$，则 m ____ n.

5. 函数 $y = 2^x + 1$ 的定义域为________，值域为________.

二、选择题

6. 设 $f(x) = ax + b$，且 $f(0) = -2$，$f(-1) = -4$，则 $f(1) =$（　　）

A. 4　　B. -4　　C. 2　　D. 0

7. 在区间（0，$+\infty$）上为减函数的是（　　）

A. $y = x^2 + 1$　　B. $y = 2x - 3$　　C. $y = \frac{1}{x}$　　D. $y = 3x^2 + 2x$

8. 已知函数 $y = (1 - m)x + 5$ 在 R 上是单调增函数，则（　　）

A. $m > 0$　　B. $m < 0$　　C. $m > 1$　　D. $m < 1$

三、解答题

9. 求下列函数的定义域（用区间或集合表示）.

(1) $y = \frac{\sqrt{2x + 3}}{\sqrt{5 - 4x}}$；　　(2) $y = \frac{3}{x^2 + 4} - \sqrt{1 - x}$；

(3) $y = \log_x(x + 2)$.

10. 画出函数 $y = 2x^2 - 3$ 的图像，并确定它的单调区间.

11. 在同一个直角坐标系内画出函数 $y = \left(\frac{1}{3}\right)^x$ 和 $y = \log_2 x$ 的图像，并根据图像分别写出这两个函数的定义域、值域及函数的单调性.

课题5 三角函数

在现实世界中有许多现象是随着时间而发生周期性变化的，为了研究这类现象，我们需要三角函数作为工具. 三角学来源于测量，它是测量学的理论基础，它在力学、工程学及无线电学中也有着广泛的应用.

项目 5.1 角的概念的推广

案例导入 遇到问题，调整好状态应对吧！

时钟快了 10min，现要校正，需将分针旋转多少度？如果慢了 10min，该如何校正？如果慢了 1h10min，又该如何校正？时钟的分针指向钟面上的数字 9，此时可以是哪些时段？

5.1.1 角的概念的推广

把空白处填好，你就归纳好重点啦.

平面内，角可以看成是一条射线绕其端点旋转而成的图形（见图 5-1）. 射线 OA 由起始位置绕着它的端点 O 旋转到终止位置 OB，就形成一个角. 起始位置的射线 OA 叫做角的始边，终止位置的射线 OB 叫做角的终边.

当 OB 与 OA 成一直线时，所成的图形（见图 5-2）叫做____，再沿相同方向旋转下去，当终边 OB 与始边 OA 重合时，所成的角（见图 5-3）叫做____.

在生活中往往还会遇到其他的角，例如在体操中有“转体 720°”（即转体 2 周），转体 3 周这样的动作名称，又如用钳子拧螺钉，可以顺时针方向拧，也可以逆时针方向拧，这就是说角度可以不限于 0° ~ 360°范围，而且还可以有两种方向的角. 按逆时针方向旋转而成的角叫做正角；按顺时针方向旋转而成的角叫

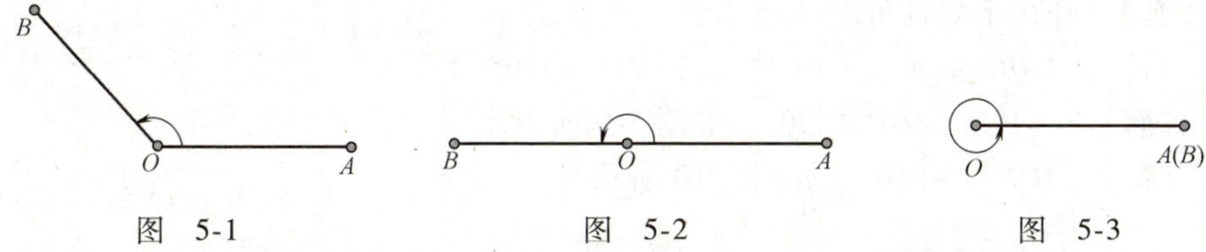

图　5-1　　图　5-2　　图　5-3

做负角．当射线没有旋转时，我们也把它看成一个角，叫做零角．

以射线 OA 为始边，射线 OB 为终边的角是正角，记作 $\angle AOB$（见图5-4）．以射线 OB 为始边，射线 OA 为终边的角是负角，记作 $\angle BOA$（见图5-5），则

$$\angle AOB = -\angle BOA.$$

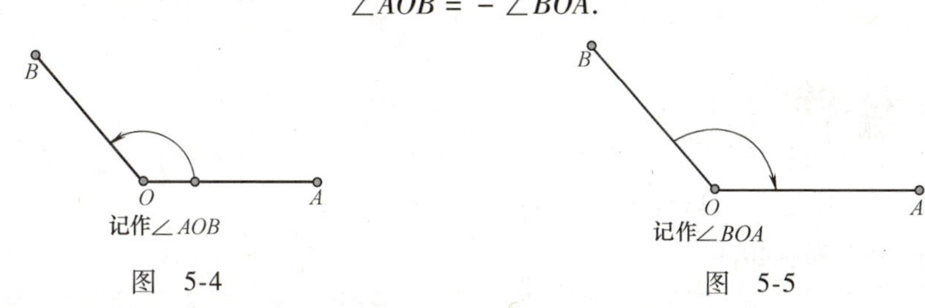

图　5-4　　图　5-5

角的概念经过这样的推广以后，就包括____、____和____．

画 330°，765°，−660°的角．

图5-6 中的角等于330°，图5-7 中的角等于765°，图5-8 中的角等于−660°．

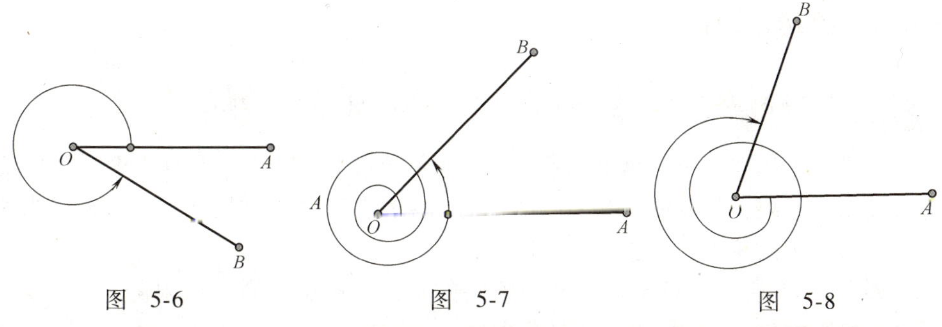

图　5-6　　图　5-7　　图　5-8

温馨提示

画角时一般以水平向右方向的射线为角的始边，画好后可别忘了给所画的角标上旋转方向．

例1 作出下列各角.

（1）$\angle AOB=420°$；　　（2）$\angle AOB=-510°$.

【解】（1）$\angle AOB=420°$，如图5-9所示.

（2）$\angle AOB=-510°$，如图5-10所示.

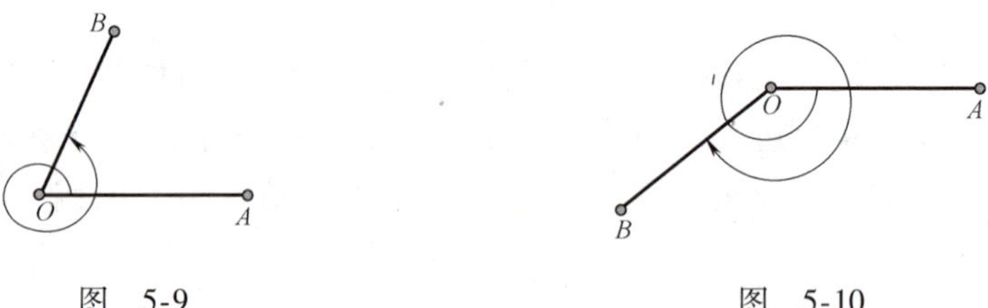

图 5-9　　　　图 5-10

1. 作出下列各角.

（1）225°；（2）$-45°$；（3）1200°；（4）$-720°$.

2. 作出下列各角.

（1）210°；（2）$-225°$；（3）390°；（4）$-810°$.

3. 时钟快了1h30min，现要校正，需将分针旋转多少度，或将时针旋转多少度？

习　题

画出下列各角：45°，90°，120°，$-60°$，$-135°$，$-480°$.

5.1.2 终边相同的角

把空白处填好，你就归纳好重点啦.

在平面上建立一个直角坐标系 Oxy. 把角的顶点与坐标原点 O 重合，角的终边落在第几象限，就叫做第几象限的角. 如果角的终边落在坐标轴上，就认为这个角不属于任何象限，把它叫做界限角.

如图5-11所示，$\angle xOA$ 是第__象限的角，$\angle xOB$ 是第__象限的角，$\angle xOC$ 是第__象限的角，$\angle xOy$ 不属于任何象限，是__角.

从图5-12中可以看出，390°和$-330°$角的终边都与30°角的终边相同，并且这两个角都可以表示成30°与 k 个周角的和，即

$$390°=30°+360°\cdot k\ （这里\ k=1），$$

$$-330°=30°+360°\cdot k\ （这里\ k=-1）.$$

设 $S=\{x\mid x=30°+360°\cdot k,\ k\in \mathbf{Z}\}$，则390°、$-330°$等都是这一集合的元

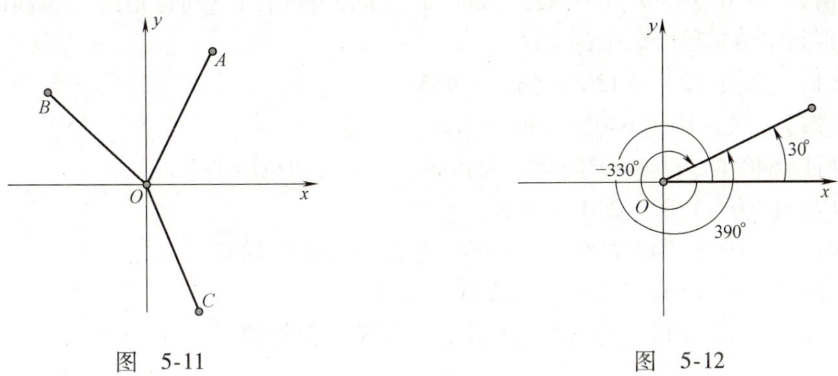

图　5-11　　　　图　5-12

素，30°也是（此时 $k=0$）。容易看出，所有与30°角终边相同的角，连同30°角自己在内，都是该集合的元素. 反过来，该集合的任一元素都与30°角终边相同.

一般地，所有与角 α 终边相同的角，连同角 α 在内，可构成一个集合____________________，即任一与角 α 终边相同的角，都可以表示成 α 与整数个周角的和.

由此可得，锐角是第一象限的角，但第一象限的角不一定为锐角，小于90°的角不一定是锐角.

例2　写出与下列各角终边相同的角的集合，并指出它们是哪个象限的角.

（1）45°；（2）135°；（3）240°；（4）330°.

【解】（1）与45°角终边相同的角的集合是 $S_1=\{\alpha \mid \alpha=45°+k\cdot 360°, k\in\mathbf{Z}\}$.

因为45°是第一象限的角，所以集合 S_1 中的角都是第一象限的角.

（2）与135°角终边相同的角的集合是 $S_2=\{\alpha \mid \alpha=135°+k\cdot 360°, k\in\mathbf{Z}\}$.

因为135°是第二象限的角，所以集合 S_2 中的角都是第二象限的角.

（3）与240°角终边相同的角的集合是 $S_3=\{\alpha \mid \alpha=240°+k\cdot 360°, k\in\mathbf{Z}\}$.

因为240°是第三象限的角，所以集合 S_3 中的角都是第三象限的角.

（4）与330°角终边相同的角的集合是 $S_4=\{\alpha \mid \alpha=330°+k\cdot 360°, k\in\mathbf{Z}\}$.

因为330°是第四象限的角，所以集合 S_4 中的角都是第四象限的角.

请记住终边相同角的集合的表示形式. 注意 $k\in\mathbf{Z}$ 不能丢哦！

例3 在0°~360°（$0° \leqslant \alpha < 360°$）之间，找出与下列各角终边相同的角，并分别判定各是哪个象限的角.

（1）640°；（2）－120°；（3）－955°.

【解】（1）因为 $640° = 280° + 360°$，

所以640°的角与280°的角终边相同，它是第四象限的角.

（2）因为 $-120° = 240° - 360°$，

所以－120°与240°的角终边相同，它是第三象限的角.

（3）因为 $-955° = 125° - 3 \times 360°$，

所以－955°与125°的角终边相同，它是第二象限的角.

例4 写出终边在 y 轴的正半轴、y 轴的负半轴和 y 轴上的角的集合.

【解】 终边落在 y 轴的正半轴上的角的集合为 $S_1 = \{\alpha \mid \alpha = 90° + k \cdot 360°, k \in \mathbf{Z}\}$；

终边落在 y 轴的负半轴上的角的集合为 $S_2 = \{\alpha \mid \alpha = 270° + k \cdot 360°, k \in \mathbf{Z}\}$.

终边落在 y 轴上的角的特点：正半轴旋转180°到负半轴，同样负半轴旋转180°到正半轴，我们可以用终边落在正半轴的一个角与 $k \cdot 180°$（$k \in \mathbf{Z}$）的和来表示终边落在 y 轴上的角，也就是

$$S = \{\alpha \mid \alpha = 90° + k \cdot 180°, k \in \mathbf{Z}\}.$$

别忘了将两个较繁集合的并集写成一个简单的集合，简单就是一种美.

1. 在直角坐标系中0°~360°之间，找出与下列各角终边相同的角，并分别判定它们各是哪个象限的角.

（1）－45°；（2）760°；（3）－480°.

2. 分别写出终边在 x 轴的正半轴、x 轴的负半轴和 x 轴上的角的集合.

3. 在0°~360°范围内，找出与下列各角终边相同的角，并指出它们是哪个象限的角.

（1）－54°；（2）395°；（3）1563°.

4. 分别写出第一、第二、第三、第四象限角的集合.

5. 写出终边在直线 $y = x$ 上的角的集合.

6. 问答题：钝角是第二象限的角吗？第二象限的角是否一定为钝角？

习　　题

1. 写出与下列各角终边相同的角的集合.

（1）30°；（2）120°；（3）－45°；（4）－120°.

2. 在0°～360°（0°≤α＜360°）之间，找出与下列各角终边相同的角，并分别判定各是哪个象限的角.

（1）－45°；（2）760°；（3）－480°.

3. 写出终边在坐标轴上的角所构成的集合.

5.1.3　角度制与弧度制的换算

把空白处填好，你就归纳好重点啦.

把一圆周360等分，则其中1份所对的圆心角，记作____角. 这种角度作为单位来度量角叫做角度制. 在数学和其他科学研究中常用的另一种度量角的方法——弧度制. 它的单位符号是“rad”，读作“弧度”.

把长度等于____的圆弧所对的圆心角叫做1弧度的角，弧度记作1rad.

如图5-13所示，弧AB的长等于半径r，弧AB所对的圆心角$\angle AOB$就是1弧度的角.

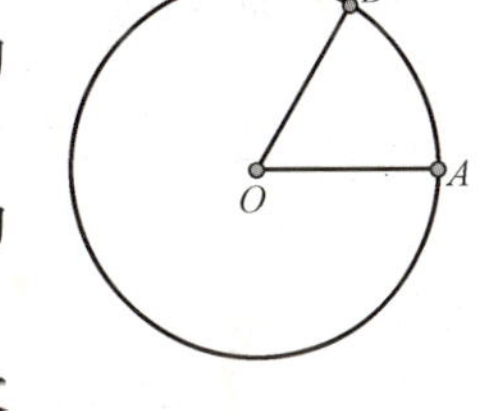

图　5-13

在半径为r的圆中，弧长为l的弧所对的圆心角的大小是$\alpha=\frac{l}{r}$(rad). 通常把rad省略不写.

由弧度的定义知道，弧长l与半径r的比值等于该弧所对的圆心角的弧度数的绝对值，即$|\alpha|=\frac{l}{r}$或$l=|\alpha|r$，这个公式是弧度制下的计算公式.

一个周角所对的圆弧长（圆周长）是半径长的2π倍，所以一个周角的弧度数是2π，而在角度制里它是360°，因此

$$360°=2\pi\text{rad},$$

$$180°=\pi\text{rad}.$$

由此可得：

$$1°=\frac{\pi}{180}\text{rad}\approx 0.01745\text{rad},$$

$$1\text{rad}=\frac{180°}{\pi}\approx 57°18'=57.3°.$$

由于角有正负之分，所以规定：正角的弧度数为正数，负角的弧度数为负

数，零角的弧度数为零.

角的度量方式有两种，即____和____，πrad = ____°，360° = ____ rad，1° = ____rad，1rad = ____°.

弧度制下的弧长计算公式是：____________.

例 5 把 67°30′化成弧度.

【解】 $67°30' = 67.5° = \frac{135°}{2} = \frac{135°}{2} \times \frac{\pi}{180} = \frac{3}{8}\pi$.

温馨提示

角度转化为弧度时，如无特殊要求，一般化为弧度时结果保留 π 的形式.

例 6 把$\frac{3\pi}{5}$弧度转化成角度.

【解】 $\frac{3\pi}{5}\text{rad} = \frac{3\pi}{5} \times \frac{180°}{\pi} = 108°$.

例 7 如图 5-14 所示，$\overset{\frown}{AB}$ 所对的圆心角是 60°，半径为 45，求 $\overset{\frown}{AB}$ 的长 l（精确到 0.1）.

【解】 因为 $60° = \frac{\pi}{3}$，所以 $l = \alpha r = \frac{\pi}{3} \times 45 \approx 3.14 \times 15 = 47.1$.

所以 $\overset{\frown}{AB}$ 的长约为 47.1.

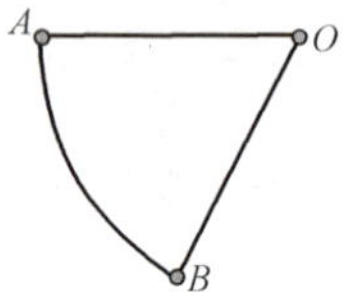

图 5-14

解题时 $l = \alpha r$ 中的 α 要记得化成以弧度为单位哦.

1. 航海罗盘将圆周分为 32 等分，把每一等分所对圆心角的大小分别用度和

弧度表示出来.

2. 地球赤道的半径约是6370km，问赤道上1°的弧长是多少千米?

3. 如图5-15所示，以A为圆心，OA为半径画弧交圆周上一点M，那$\overset{\frown}{AM}$所对的圆心角$\angle AOM$是不是1rad的角? 为什么? 它与1rad相比哪个大些?

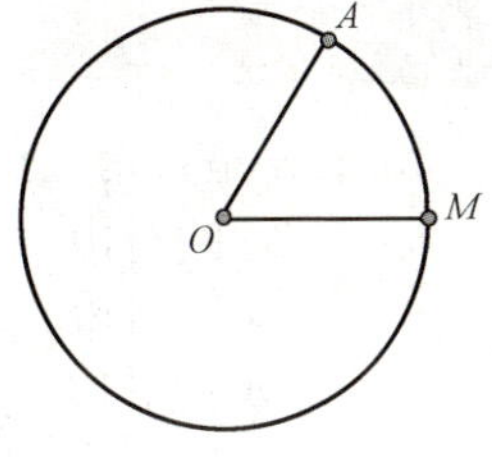

图 5-15

4. 把下列各角度转化成弧度（写成多少π的形式）.

（1）$-30°$；（2）$75°$；（3）$-210°$；（4）$22°30'$.

5. 把下列各弧度转化成角度.

（1）$\frac{\pi}{12}$；（2）$\frac{\pi}{5}$；（3）$-\frac{3\pi}{10}$；（4）1.5.

6. 已知圆的半径为0.5m，求45°的圆心角所对弧长.

习　题

1. 把下列各角度转化成弧度（写成多少π的形式）.

（1）$-60°$；（2）$105°$；（3）$-240°$；（4）$44°30'$.

2. 把下列各弧度转化成角度.

（1）$\frac{\pi}{2}$；（2）$-\frac{5\pi}{12}$；（3）$\frac{7\pi}{4}$；（4）3.5.

3. 已知圆的半径为5m，求75°的圆心角所对弧长.

4. 填表：

角度	0°	30°				180°		360°
弧度			$\frac{\pi}{4}$	$\frac{\pi}{3}$	$\frac{\pi}{2}$		$\frac{3\pi}{2}$	

5. $\frac{19\pi}{6}$和$\frac{25\pi}{6}$的角分别是第几象限的角?

6. 已知圆的半径为R，弧长为$\frac{3R}{4}$的圆弧所对的圆心角等于多少角度?

项目5.2　三角函数的定义

案例导入　遇到问题，调整好状态应对吧!

某人沿着一个倾斜度稳定的山坡直道上山，如果行走100m，则他距离水平地面为20m，如果行走500m，则距离水平地面为多少米? 若他继续直道上山，则距离水平地面的高度与行走路程的比值会如何变化?

5.2.1 任意角的三角函数的定义

把空白处填好，你就归纳好重点啦.

如果 α 是直角三角形的一个锐角，则有：

$\sin\alpha=\dfrac{\alpha\text{ 的对边}}{\alpha\text{ 的斜边}}$； $\cos\alpha=\dfrac{\alpha\text{ 的邻边}}{\alpha\text{ 的斜边}}$；

$\tan\alpha=\dfrac{\alpha\text{ 的对边}}{\alpha\text{ 的邻边}}$； $\cot\alpha=\dfrac{\alpha\text{ 的邻边}}{\alpha\text{ 的对边}}$.

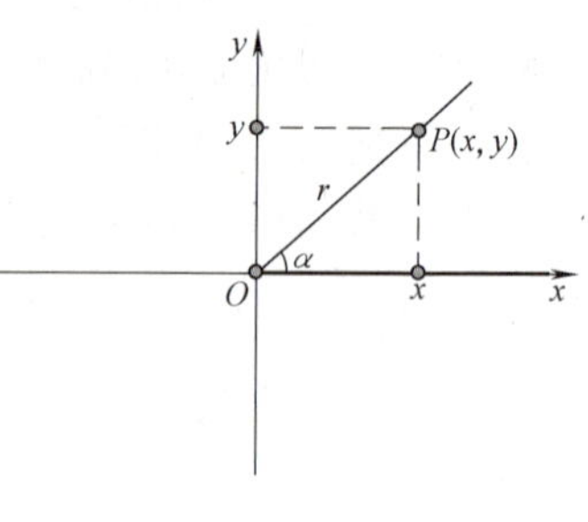

图 5-16

锐角三角函数的定义可以推广到任意角的三角函数.

如图 5-16 所示，设 α 是一个任意大小的角，以 α 的顶点 O 为坐标原点，以 α 的始边方向为 x 轴的正方向，建立平面直角坐标系. 在角 α 的终边上任取一点 $P(x,\ y)$，它与原点的距离是 r $(r>0)$. 考虑下述三个比值：

$$\frac{y}{r},\ \frac{x}{r},\ \frac{y}{x}.$$

运用相似三角形知识，容易证明上述三个比值与 P 点在角 α 终边上的位置无关，它们只依赖于 α 的大小.

因此，定义：

$\dfrac{y}{r}$叫做角 α 的正弦，记作 $\sin\alpha$，即 $\sin\alpha=\dfrac{y}{r}$；

$\dfrac{x}{r}$叫做角 α 的余弦，记作 $\cos\alpha$，即 $\cos\alpha=\dfrac{x}{r}$；

$\dfrac{y}{x}$叫做角 α 的正切，记作 $\tan\alpha$，即 $\tan\alpha=\dfrac{y}{x}$ $\left(\alpha\neq\dfrac{\pi}{2}+k\cdot\pi\right)$.

依照上述定义，对于每一个确定的角 α，都分别有唯一确定的正弦值、余弦值、正切值与之对应. 因此这三个对应法则都是以 α 为自变量的函数，分别称为 α 的正弦函数、余弦函数和正切函数.

不难看出，当 α 是锐角时，上述所定义的三角函数，与在直角三角形中所定义的三角函数是一致的.

有时还用到下面的三个函数：

角 α 的正割 $\sec\alpha=\dfrac{1}{\cos\alpha}=\dfrac{r}{x}$；

角 α 的余割 $\csc\alpha=\dfrac{1}{\sin\alpha}=\dfrac{r}{y}$；

角 α 的余切 $\cot\alpha=\dfrac{1}{\tan\alpha}=\dfrac{x}{y}$.

以上定义的六种函数统称为角 α 的三角函数．由上述定义可知，当角 α 的终边在 y 轴上时，$\tan\alpha$、$\sec\alpha$ 没有意义；当角 α 的终边在 x 轴上时，$\cot\alpha$、$\csc\alpha$ 没有意义．

已知角 α 终边上一点的坐标为 $P(x, y)$，则角 α 的六种三角函数值均可算出．先计算 $r=$______，再算出 $\sin\alpha=$______，$\cos\alpha=$______，$\tan\alpha=$______，$\sec\alpha=$______，$\csc\alpha=$______，$\cot\alpha=$______.

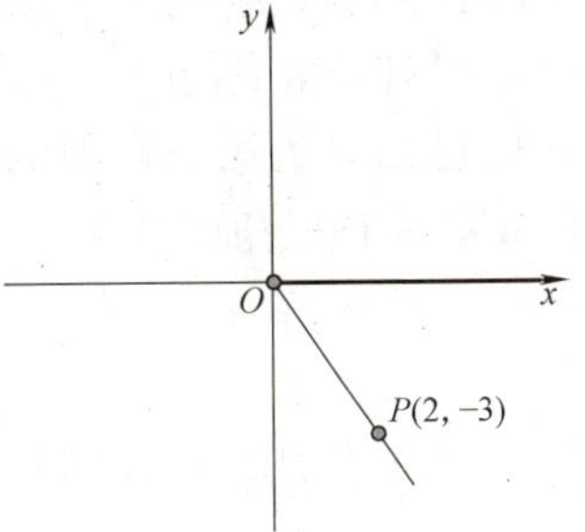

图　5-17

例8　已知角 α 终边上一点 $P(2, -3)$（见图5-17），求角 α 的六种三角函数值．

【解】　因为 $x=2$，$y=-3$，

则 $r=\sqrt{2^2+(-3)^2}=\sqrt{13}$.

所以 $\sin\alpha=\frac{y}{r}=\frac{-3}{\sqrt{13}}=-\frac{3\sqrt{13}}{13}$，$\cos\alpha=\frac{x}{r}=\frac{2}{\sqrt{13}}=\frac{2\sqrt{13}}{13}$，$\tan\alpha=\frac{y}{x}=\frac{-3}{2}=-\frac{3}{2}$，$\sec\alpha=\frac{1}{\cos\alpha}=\frac{\sqrt{13}}{2}$，$\csc\alpha=\frac{1}{\sin\alpha}=-\frac{\sqrt{13}}{3}$，$\cot\alpha=-\frac{2}{3}$.

已知角 α 终边上一点 $P(-1, \sqrt{3})$，求角 α 的六种三角函数值．

例9　已知角 α 是第三象限的角，并且终边在直线 $y=2x$ 上，求角 α 的正弦、余弦和正切值．

【解】　在角 α 的终边上任取一点 P，由题意，不妨取 P 点的坐标为 $P(-1, -2)$.

因为 $x=-1$，$y=-2$，则 $r=\sqrt{(-1)^2+(-2)^2}=\sqrt{5}$，

所以 $\sin\alpha=\frac{y}{r}=\frac{-2}{\sqrt{5}}=-\frac{2\sqrt{5}}{5}$，$\cos\alpha=\frac{x}{r}=\frac{-1}{\sqrt{5}}=-\frac{\sqrt{5}}{5}$，$\tan\alpha=\frac{y}{x}=\frac{-2}{-1}=2$.

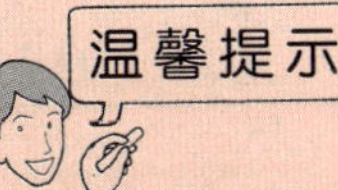

在角 α 的终边上取一点，虽说这一点可以任意取，但要注意的是：尽量使取出的点的坐标是整数且数量较小，便于计算．

1. 已知角 α 终边上一点 $P(2,\ -\sqrt{3})$，求角 α 的六种三角函数值.

2. 已知角 α 终边上一点 $P(0,\ 1)$，求角 α 的正弦、余弦值.

3. 已知 P 为第三象限的角 α 终边上一点，且其横坐标 $x=-3$，$|OP|=5$，求角 α 的六种三角函数值.

习　题

1. 已知点 P 在角 α 的终边上，求角 α 的六种三角函数值.

(1) $P(-4,\ -3)$；　　(2) $P(3\sqrt{3},\ -6)$.

2. 已知角 α 是第二象限角，并且终边落在直线 $y=-x$ 上，求角 α 的正弦、余弦和正切值.

3. 已知 P 为第三象限的角 α 终边上一点，且其横坐标 $x=-5$，$|OP|=13$，求角 α 的正弦、余弦和正切值.

5.2.2　三角函数在各个象限的符号

知识梳理　把空白处填好，你就归纳好重点啦.

半径为 1 的圆叫做单位圆（见图 5-18）. 设单位圆的圆心与坐标原点重合，则单位圆与 x 轴的交点分别为 $A(1,\ 0)$，$A_1(-1,\ 0)$，与 y 轴的交点分别为 $B(0,\ 1)$，$B_1(0,\ -1)$. 设角 α 的终边与单位圆的交点为 $P(x,\ y)$，则

$$\sin\alpha=\frac{y}{1}=y，\ \cos\alpha=\frac{x}{1}=x.$$

这表明角 α 终边与单位圆交点坐标为 $P(\cos\alpha,\ \sin\alpha)$.

为了便于记忆，把 $\sin\alpha$，$\cos\alpha$，$\tan\alpha$ 的正负号标在各个象限内（见图 5-19）.

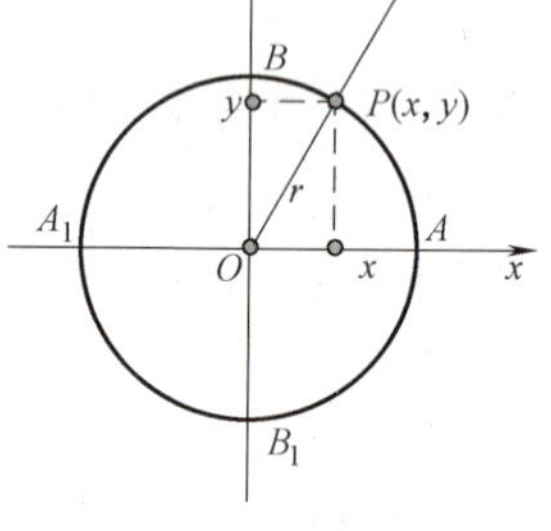

图　5-18

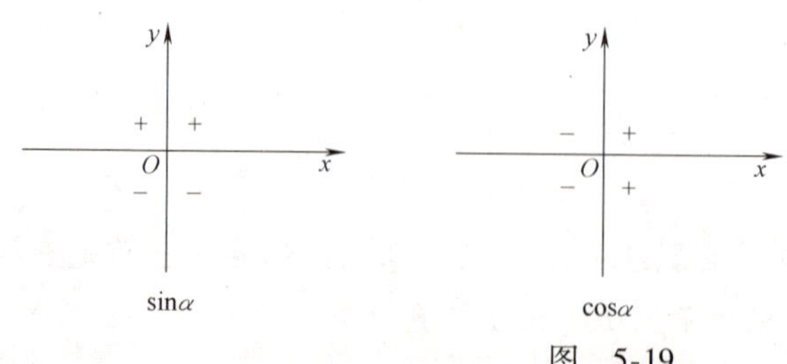

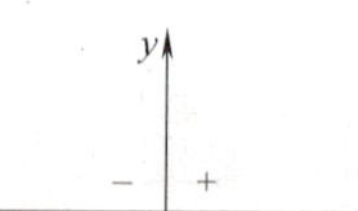

图　5-19

角 α 的终边与单位圆的交点为 $P($__，__$)$，若 $\sin\alpha>0$，则角 α 是第____象限或第____象限的角，或角 α 的终边落在______________.

若 $\cos\alpha>0$，则角 α 是第____象限或第____象限的角，或角 α 的终边落在______________.

若 $\tan\alpha>0$，则角 α 是第____象限或第____象限的角.

例 10 确定下列各三角函数值的符号.

（1）$\sin570°$；（2）$\cos(-25°)$；（3）$\tan520°$.

【解】 （1）因为 570°是第三象限的角，所以 $\sin570°<0$.

（2）因为 $-25°$是第四象限的角，所以 $\cos(-25°)>0$.

（3）因为 520°是第二象限的角，所以 $\tan520°<0$.

判断一个角是第几象限的角，需把它化为 $\alpha+360°\cdot k$，$k\in\mathbf{Z}$ 的形式，再作判断.

例 11 根据 $\sin\theta>0$，且 $\tan\theta<0$，确定 θ 是第几象限的角.

【解】 因为 $\sin\theta>0$，所以 θ 是第一或第二象限的角，或终边落在 y 轴正半轴上.

因为 $\tan\theta<0$，所以 θ 是第二或第四象限的角.

所以满足 $\sin\theta>0$，且 $\tan\theta<0$ 的 θ 是第二象限的角.

1. 已知角 α 的终边与单位圆的交点为 $P\left(\frac{\sqrt{3}}{2},\ -\frac{1}{2}\right)$，则

$\sin\alpha=$______，$\cos\alpha=$______，$\tan\alpha=$______.

2. 用“>”或“<”填空.

$\sin65°$______0，$\cos510°$______0，$\tan(-45°)$______0.

3. 填空：

（1）如果 $\sin\theta>0$，且 $\cos\theta<0$，则 θ 是第________象限的角；

（2）如果 $\sin\theta<0$，且 $\cos\theta>0$，则 θ 是第________象限的角；

（3）如果 $\tan\theta>0$，且 $\cos\theta<0$，则 θ 是第________象限的角.

4. 确定下列三角函数的值的符号.

（1）$\sin(-45°)$；（2）$\cos205°$；

（3）$\tan(-600°)$；（4）$\tan556°$.

5. 根据条件，确定 θ 是第几象限的角.

（1）$\sin\theta<0$，且 $\cos\theta<0$；（2）$\cos\theta$ 与 $\tan\theta$ 异号.

6. 确定下列三角函数的符号（不求值）.

（1）$\tan505°$；（2）$\sin7.6\pi$；

（3）$\tan\left(-\frac{3\pi}{4}\right)$；（4）$\cos\left(-\frac{11\pi}{4}\right)$.

7. 根据下列条件，确定 θ 是第几象限的角.

（1）$\cos\theta$ 与 $\tan\theta$ 同号；（2）$\sin\theta$ 与 $\cos\theta$ 异号；

（3）$\sin\theta$ 与 $\tan\theta$ 同号.

8. 设 α 是三角形的一个内角，在 $\sin\alpha$、$\cos\alpha$、$\tan\alpha$ 中，哪些值可能取正值？哪些值可能取负值？哪些值一定取正值？

习　　题

填空题：

（1）如果 $\sin\alpha>0$，则角 α 是第____或____象限的角或是______________，如果 $\sin\alpha<0$，则角 α 是第____或____象限的角或是______________；

（2）如果 $\cos\alpha>0$，则角 α 是第____或____象限的角或是______________，如果 $\cos\alpha<0$，则角 α 是第____或____象限的角或是______________；

（3）如果 $\tan\alpha>0$，则角 α 是第____或____象限的角，如果 $\tan\alpha<0$，则角 α 是第____或____象限的角；

（4）如果 $\sin\theta>0$，且 $\cos\theta>0$，则 θ 是第________象限的角；

（5）如果 $\tan\theta>0$，且 $\cos\theta>0$，则 θ 是第________象限的角.

项目 5.3　特殊角的三角函数

案例导入　遇到问题，调整好状态应对吧！

某位同学欲了解学校操场上旗杆的高度，他测得旗杆的阴影长度为 15.65m，并测得此时太阳光线与水平面的角是 45°，请帮他计算出旗杆的实际高度.

把空白处填好，你就归纳好重点啦.

利用三角函数的定义可以求特殊角的三角函数. 由三角函数的定义可知：角 α 终边与单位圆交点坐标 $P(\cos\alpha,\ \sin\alpha)$.

如图 5-20 所示，30°角的终边与单位圆的交点为 $P\left(\frac{\sqrt{3}}{2},\ \frac{1}{2}\right)$，所以 $\sin30°=$

$\frac{1}{2}$，$\cos 30° = \frac{\sqrt{3}}{2}$，$\tan 30° = \frac{y}{x} = \frac{\sqrt{3}}{3}$.

又由单位圆与坐标轴的四个交点 A，B，A_1，B_1 的坐标（见图 5-21）可以得到：

（1）$\sin 0° = 0$，$\cos 0° = 1$，$\tan 0° = 0$；

（2）$\sin 90° = 1$，$\cos 90° = 0$，$\tan 90°$不存在；

（3）$\sin 180° = 0$，$\cos 180° = -1$，$\tan 180° = 0$；

（4）$\sin 270° = -1$，$\cos 270° = 0$，$\tan 270°$不存在.

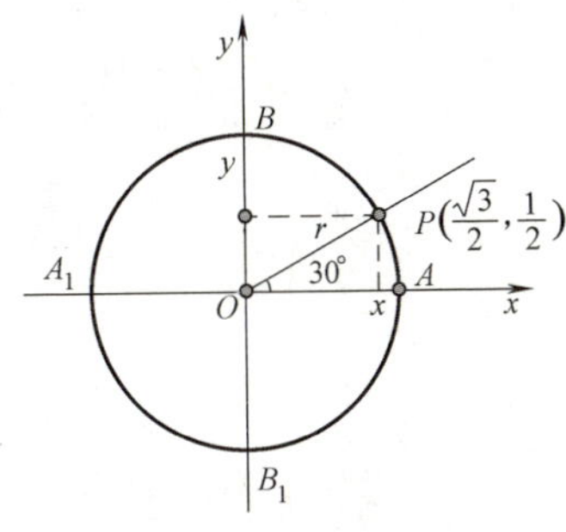

图 5-20

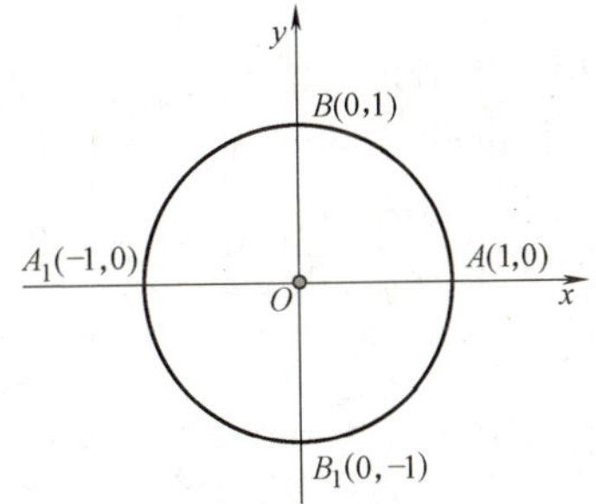

图 5-21

填表：

α	0	$\frac{\pi}{2}$	π	$\frac{3\pi}{2}$	2π
$\sin\alpha$					
$\cos\alpha$					
$\tan\alpha$					

例 12 求下列三角函数值.

（1）$\sin 45°$；（2）$\cos 45°$；（3）$\tan 45°$；

（4）$\sin 60°$；（5）$\cos 60°$；（6）$\tan 60°$.

【解】 设 45°角的终边与单位圆的交点为 P，如图 5-22 所示，解得 $P\left(\frac{\sqrt{2}}{2}, \frac{\sqrt{2}}{2}\right)$.

所以（1）$\sin 45° = \frac{\sqrt{2}}{2}$.

（2）$\cos 45° = \frac{\sqrt{2}}{2}$.

（3）$\tan 45° = 1$.

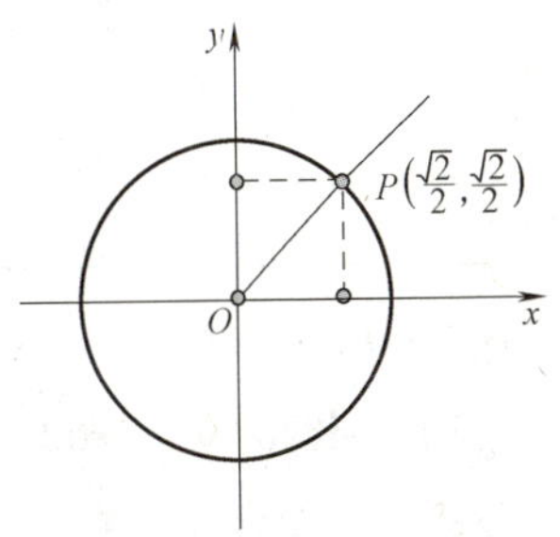

图 5-22

因为如图 5-23 所示，60°角的终边与单位圆的交点为 $P\left(\frac{1}{2}, \frac{\sqrt{3}}{2}\right)$，

所以(4) $\sin 60° = \frac{\sqrt{3}}{2}$.

(5) $\cos 60° = \frac{1}{2}$.

(6) $\tan 60° = \sqrt{3}$.

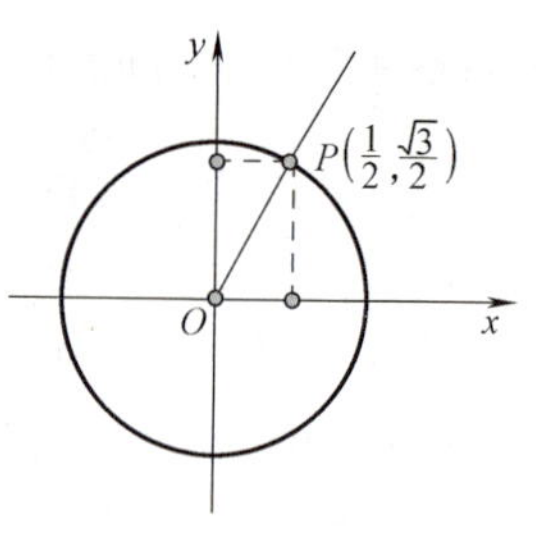

图 5-23

例 13 求值：

(1) $5\sin 90° - \tan 0° + 10\cos 180° - 4\tan 180°$;

(2) $\frac{2}{3}\sin\frac{3\pi}{2} - \frac{4}{5}\tan\pi - \frac{1}{3}\cos 0$.

【解】 (1) 原式 $=5-0-10-0=-5$.

(2) 原式 $=-\frac{2}{3}-0-\frac{1}{3}=-1$.

温馨提示

要熟记特殊锐角的三角函数值以及界限角的三角函数值，在解题时还需注意先转化特殊角的三角函数值，再根据实数的运算性质加以运算.

习　题

1. 填写下表.

α	0°	30°	45°	60°	90°	180°	270°	360°
sinα								
cosα								
tanα								

2. 求值：

(1) $4\sin 30° - 2\cos 60° - \tan 45° + \cos 180°$;

(2) $\sin\frac{\pi}{2} - \tan\frac{\pi}{4} + \cos 0 + \sin\pi$.

3. 求值：

（1）$\sin\frac{\pi}{6}+2\cos\frac{\pi}{3}-3\tan0$；

（2）$3\sin\frac{\pi}{2}+2\tan\frac{\pi}{4}-4\cos\frac{\pi}{6}$.

4. 计算：

（1）$5\sin\frac{\pi}{2}+2\cos0-3\sin\frac{3\pi}{2}+10\cos\pi$；

（2）$7\cos270°+12\sin0°+2\tan0°-8\cos180°$；

（3）$\cos\frac{\pi}{3}-\tan\frac{\pi}{4}+\frac{3}{4}\tan^2\frac{\pi}{6}-\sin\frac{\pi}{6}+\cos^2\frac{\pi}{6}+\sin\frac{3\pi}{2}$；

（4）$a^2\cos2\pi-b^2\sin\frac{3\pi}{2}+ab\sin\frac{\pi}{2}$.

项目5.4　最简三角函数的图像和性质

案例导入　遇到问题，调整好状态应对吧！

2008年8月8日是北京奥运会开幕的时间，那一天正好是星期五．你知道2008年8月15日是星期几吗？星期数是按一定的规律重复出现的．正弦函数值和余弦函数值是按什么样的规律重复出现的呢？

5.4.1　正弦函数 $y=\sin x$ 的图像和性质

把空白处填好，你就归纳好重点啦.

观察正弦函数 $y=\sin x$，$x\in(-\infty,\ +\infty)$ 的图像（见图5-24）的规律性.

由图5-24可看出，正弦函数 $y=\sin x$ 的图像是一条波状曲线，它具有以下4个性质：

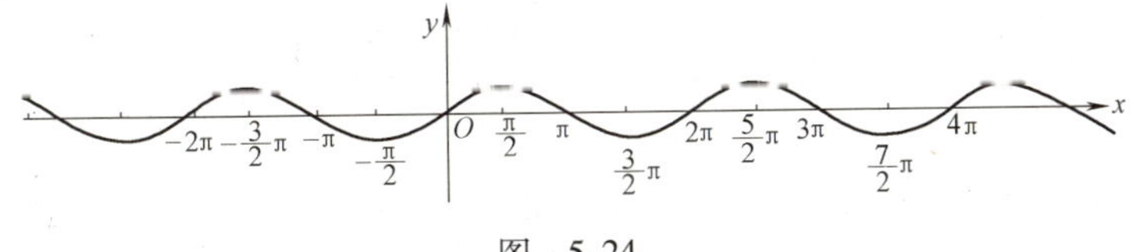

图　5-24

（1）函数 $y=\sin x$ 的周期为 2π（$\sin(x+2k\pi)=\sin x(k\in\mathbf{Z})$，$2k\pi(k\in\mathbf{Z})$ 中的最小正整数为 2π，称 2π 为正弦函数 $y=\sin x$ 的周期）；

（2）如果一个函数的图像是以坐标原点为对称中心的中心对称图形，则这个函数是奇函数．如果一个函数的图像关于y轴对称，则这个函数是偶函数．$y=\sin x$的图像关于坐标原点中心对称，所以 $y=sinx$ 是奇函数；

（3）函数 $y=\sin x$ 在 $x\in\left[-\frac{\pi}{2}+2k\pi,\ \frac{\pi}{2}+2k\pi\right](k\in\mathbf{Z})$ 内递增，

在 $x\in\left[\frac{\pi}{2}+2k\pi,\ \frac{3\pi}{2}+2k\pi\right](k\in\mathbf{Z})$ 内递减；

（4）当 $x\in\left\{x\mid x=\frac{\pi}{2}+2k\pi,\ k\in\mathbf{Z}\right\}$时，取得最大值 1，

当 $x\in\left\{x\mid x=-\frac{\pi}{2}+2k\pi,\ k\in\mathbf{Z}\right\}$时，取得最小值 -1.

对于函数 $y=\sin x$ 的图像可以采用描点法作出．要想简化正弦函数的作图过程，只需研究 $y=\sin x$ 在一个周期即 $x\in[0,\ 2\pi]$ 下的图像特征.

在这个周期内它有五个特征点：三个零值点，一个最大值点和一个最小值点，用坐标表示即为：（__，__）；（__，__）；（__，__）；（__，__）；（__，__），其中函数 $y=\sin x$ 在 $x=\frac{\pi}{2}$处取得最大值__，在 $x=\frac{3\pi}{2}$处取得最小值____.

这样就可以通过这个特点，简化作图过程，这种作图方法简称“五点法”.

例 14 用“五点法”作出正弦函数 $y=\sin x$，$x\in[0,\ 2\pi]$ 的图像.

【解】 （1）列表如下：

x	0	$\frac{\pi}{2}$	π	$\frac{3\pi}{2}$	2π
$y=\sin x$	0	1	0	-1	0

列出坐标点 $(0,\ 0)$，$\left(\frac{\pi}{2},\ 1\right)$，$(\pi,\ 0)$，$\left(\frac{3\pi}{2},\ -1\right)$，$(2\pi,\ 0)$.

（2）描点，如图 5-25 所示.

（3）用光滑的曲线连接，如图 5-26 所示.

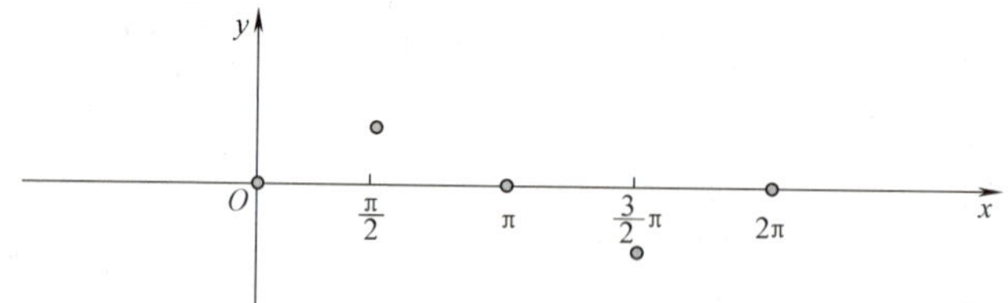

图 5-25

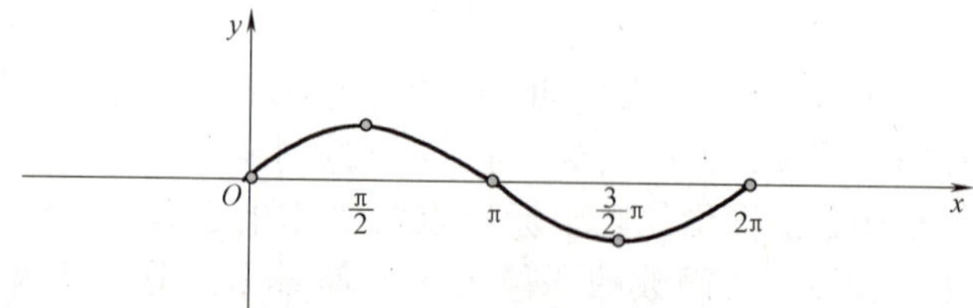

图 5-26

坐标系中的刻度要均匀，描出点后，一定要用光滑的曲线将五点连接，千万不要用折线将五点连接.

例 15　用“五点法”作函数 $y=\sin x+1$，$x\in[0,\ 2\pi]$ 的图像，并说出与函数 $y=\sin x$ 的图像的联系和区别.

【解】（1）列表计算，

x	0	$\frac{\pi}{2}$	π	$\frac{3\pi}{2}$	2π
$y=\sin x$	0	1	0	−1	0
$y=\sin x+1$	1	2	1	0	1

列出坐标点 (0，1)，$\left(\frac{\pi}{2},\ 2\right)$，($\pi$，1)，$\left(\frac{3\pi}{2},\ 0\right)$，($2\pi$，1).

（2）描点，如图 5-27 所示.

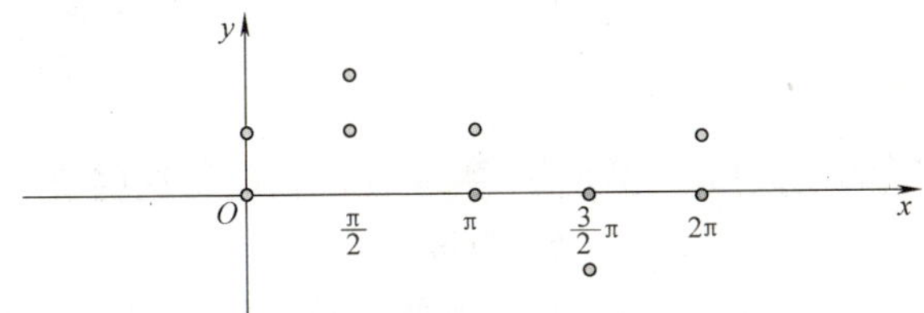

图　5-27

（3）用光滑的曲线连接，如图 5-28 所示.

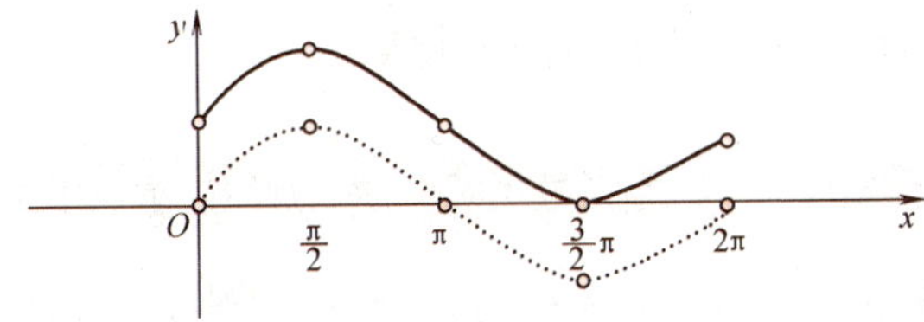

图　5-28

（4）函数 $y=\sin x+1$ 的图像是函数 $y=\sin x$ 的图像向上移动一个单位得到的.

列表计算中的第一行数为点的横坐标，最后一行数为点的纵坐标，不要标错点了.

1. 用“五点法”作函数 $y=\sin x-1$，$x\in[0,\ 2\pi]$ 的图像，并说出与函数 $y=\sin x$ 的图像的联系和区别.

2. 已知 $\sin x=2a+1$，求 a 的取值范围.

3. 当 x 取什么值时，函数 $y=2+2\sin x$ 取得最大值，最大值是多少？

4. 当 x 取什么值时，函数 $y=2-2\sin x$ 取得最大值，最大值是多少？

5. 用“五点法”作函数 $y=1-\sin x$，$x\in[0,\ 2\pi]$ 上的图像，并说出与函数 $y=-\sin x$ 的图像的联系和区别.

习　　题

1. 作出下列函数在 $[0,\ 2\pi]$ 上的简图.

（1）$y=2-\sin x$；　　（2）$y=\dfrac{1}{2}\sin x-1$.

2. 求下列函数的最大值、最小值，并求使函数取得这些值的 x 的集合.

（1）$y=-5\sin x$；　　（2）$y=6-3\sin x$.

3. 在下列函数中，哪些是奇函数？哪些是偶函数？哪些既不是奇函数也不是偶函数？为什么？

（1）$y=-\sin x$；　　（2）$y=|\sin x|$；

（3）$y=\sin x-1$.

5.4.2　余弦函数 $y=\cos x$ 的图像和性质

把空白处填好，你就归纳好重点啦.

观察余弦函数 $y=\cos x$，$x\in(-\infty,\ +\infty)$ 的图像（见图 5-29）的规律性.

由图 5-29 可看出，余弦函数 $y=\cos x$ 的图像也是一条波状曲线，它具有以下 4 个性质：

（1）函数 $y=\cos x$ 的周期为 2π；

（2）$y=\cos x$ 的图像关于 y 轴对称，所以 $y=\cos x$ 是偶函数；

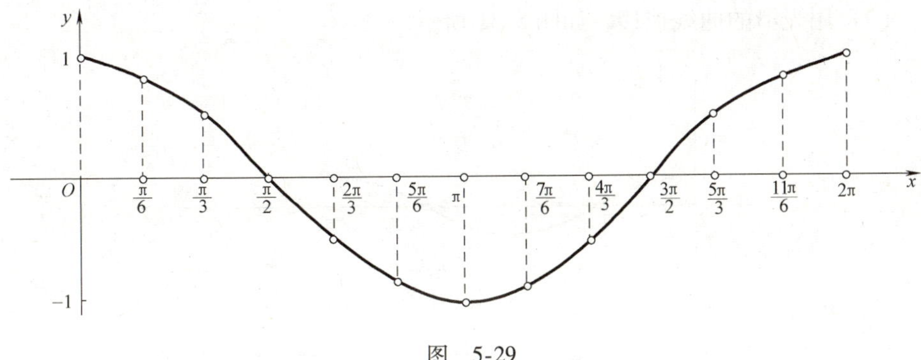

图 5-29

（3）函数 $y=\cos x$ 在 $x\in[2k\pi, \pi+2k\pi](k\in\mathbf{Z})$ 内递减，

在 $x\in[\pi+2k\pi, 2\pi+2k\pi](k\in\mathbf{Z})$ 内递增；

（4）当 $x\in\{x|x=2k\pi, k\in\mathbf{Z}\}$ 时取得最大值1，

当 $x\in\{x|x=\pi+2k\pi, k\in\mathbf{Z}\}$ 时取得最小值 -1.

与正弦函数 $y=\sin x$，$x\in[0, 2\pi]$ 类似，余弦函数 $y=\cos x$，$x\in[0, 2\pi]$ 的图像也可以采用描点法作出. 要想简化余弦函数的作图过程，可采用“五点法”.

在这个周期内它有五个特征点：两个零值点，两个最大值点和一个最小值点，用坐标表示即为：（__，__）；（__，__）；（__，__）；（__，__）；（__，__）。其中函数 $y=\cos x$ 在 $x=0$ 处取得最大值__，在 $x=\pi$ 处取得最小值__.

用“五点法”作出正弦函数 $y=\cos x$，$x\in[0, 2\pi]$ 的图像.

【解】（1）列表如下：

x	0	$\frac{\pi}{2}$	π	$\frac{3\pi}{2}$	2π
$y=\cos x$	1	0	-1	0	1

列出坐标点 $(0, 1)$，$\left(\frac{\pi}{2}, 0\right)$，$(\pi, -1)$，$\left(\frac{3\pi}{2}, 0\right)$，$(2\pi, 1)$.

（2）描点，如图5-30所示.

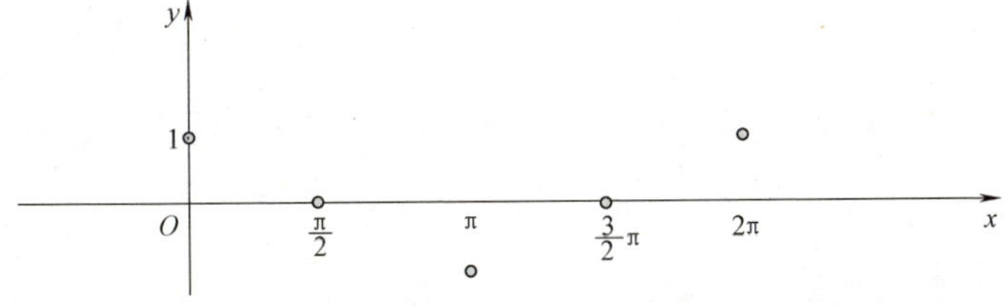

图 5-30

（3）用光滑的曲线连接，如图 5-31 所示.

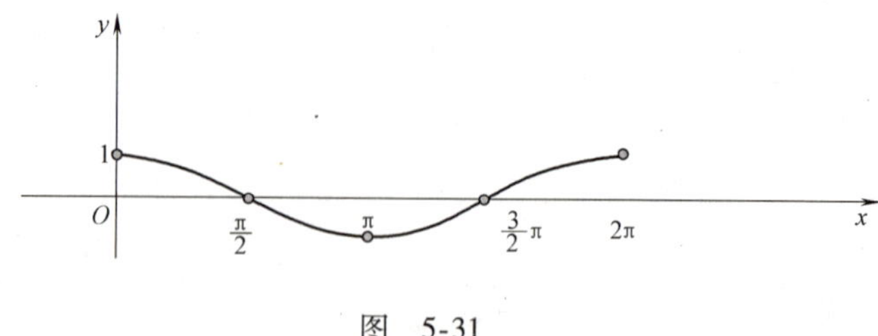

图 5-31

坐标系中的刻度要均匀，描出点后，一定要用光滑的曲线将五点连接，千万不要用折线哦.

例 16 用“五点法”作出余弦函数 $y=-\cos x$，$x\in[0, 2\pi]$ 的图像，说出函数 $y=-\cos x$，$x\in[0, 2\pi]$ 上的增减区间，函数的最大值和最小值，并写出取得最大值和最小值时的 x 值.

【解】（1）列表如下：

x	0	$\frac{\pi}{2}$	π	$\frac{3\pi}{2}$	2π
$y=-\cos x$	-1	0	1	0	-1

列出坐标点 $(0, -1)$，$\left(\frac{\pi}{2}, 0\right)$，$(\pi, 1)$，$\left(\frac{3\pi}{2}, 0\right)$，$(2\pi, -1)$.

（2）描点，如图 5-32 所示.

（3）用光滑的曲线连接，如图 5-33 所示.

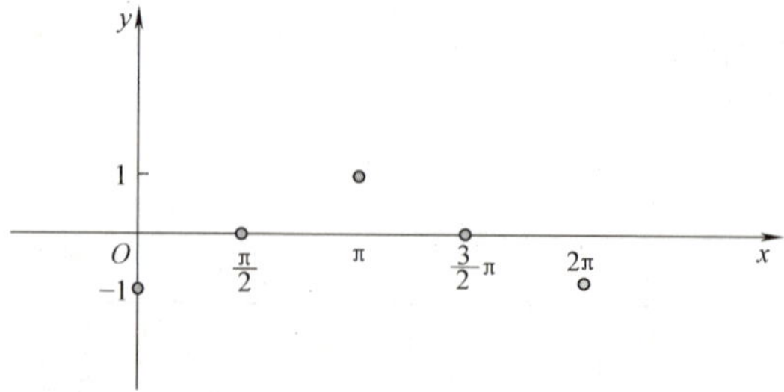

图 5-32

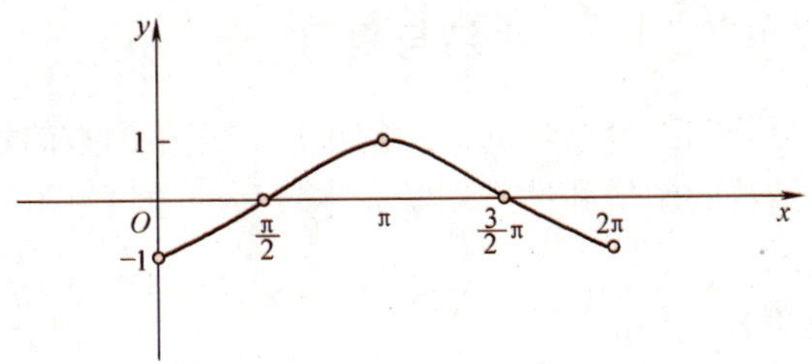

图　5-33

由图5-33可看出，函数 $y=-\cos x$，$x\in[0,2\pi]$ 在 $x\in[0,\pi]$ 内增加，在 $[\pi,2\pi]$ 内减少．最大值 $y=1$，最小值 $y=-1$，且在 $x=\pi$ 处取得最大值，在 $x=0$ 和 2π 处取得最小值.

1. 用“五点法”作出函数 $y=1-\cos x$，$x\in[0,2\pi]$ 的图像，说出函数 $y=1-\cos x$，$x\in[0,2\pi]$ 上的增减区间，函数的最大值和最小值，并写出取得最大值和最小值时的 x 值.

2. 已知 $\cos x=2a-3$，求 a 的取值范围.

3. 当 x 取什么值时，函数 $y=1+2\cos x$ 取得最大值，最大值是多少？

4. 当 x 取什么值时，函数 $y=1-2\cos x$ 取得最大值，最大值是多少？

5. 用“五点法”作出余弦函数 $y=\cos x-1$，$x\in[0,2\pi]$ 的图像，说出函数 $y=\cos x-1$，$x\in[0,2\pi]$ 上的增减区间，函数的最大值和最小值，并写出取得最大值和最小值时的 x 值.

习　　题

1. 作出下列函数在 $[0,2\pi]$ 上的简图.

（1）$y=3\cos x$；

（2）$y-2\cos x+1$.

2. 求下列函数的最大值、最小值，并求使函数取得这些值时的 x 的集合.

（1）$y=\frac{1}{2}\cos x$；

（2）$y=1-\frac{1}{2}\cos x$.

3. 判断下列函数的奇偶性.

（1）$y=-\cos x$；

（2）$y=\cos x-1$.

小结与复习

本章的主要内容分四部分：角的概念的推广，三角函数的定义，特殊角的三角函数，最简三角函数的图像和性质．学完本章后，通过复习与回顾，你应当能够回答下列问题：

1. 角的概念是怎样推广的？

角可看做是在平面内一条射线绕着端点旋转所成的图形．沿逆时针方向旋转生成的角为正角；顺时针方向旋转生成的角为负角；射线没有旋转，叫做零角．

2. 什么是度量角的弧度制？在弧度制下，弧长的公式是什么？

弧度制：$\alpha(\text{rad})=\dfrac{\text{弧长}(l)}{\text{半径}(r)}=\dfrac{l}{r}$，$l=|\alpha|\cdot r$.

3. 六种三角函数是怎样定义的？

角 α 终边上任取一点 $P(x,\ y)$，设 $r=\sqrt{x^2+y^2}$，则

$$\sin\alpha=\frac{y}{r},\quad \cos\alpha=\frac{x}{r},\quad \tan\alpha=\frac{y}{x};$$

$$\csc\alpha=\frac{r}{y},\quad \sec\alpha=\frac{r}{x},\quad \cot\alpha=\frac{x}{y}.$$

4. 特殊角的三角函数值是如何求得的？

因为角 α 终边与单位圆交点坐标为 $P(\cos\alpha,\ \sin\alpha)$，所以可以根据特殊角的终边与单位圆的交点坐标，得到特殊角的三角函数值．

5. 怎样画正弦函数和余弦函数的简图？

五点法．

6. 正弦函数和余弦函数有哪些主要性质？

正弦函数 $y=\sin x$ 具有以下 4 个性质：

（1）函数 $y=\sin x$ 的周期为 2π；

（2）图像关于原点中心对称，且 $\sin(-x)=-\sin x$；

（3）函数 $y=\sin x$ 在 $x\in\left[-\dfrac{\pi}{2}+2k\pi,\ \dfrac{\pi}{2}+2k\pi\right]$（$k\in\mathbf{Z}$）内递增，

在 $x\in\left[\dfrac{\pi}{2}+2k\pi,\ \dfrac{3\pi}{2}+2k\pi\right]$（$k\in\mathbf{Z}$）内递减；

（4）当 $x\in\left\{x\,\middle|\,x=\dfrac{\pi}{2}+2k\pi,\ k\in\mathbf{Z}\right\}$时取得最大值 1，

当 $x\in\left\{x\,\middle|\,x=-\dfrac{\pi}{2}+2k\pi,\ k\in\mathbf{Z}\right\}$时取得最小值 -1.

余弦函数 $y=\cos x$ 具有以下 4 个性质：

（1）函数 $y=\cos x$ 的周期为 2π；

(2) 图像关于 y 轴对称，且 $\cos(-x)=\cos x$；

(3) 函数 $y=\cos x$ 在 $x\in[2k\pi,\ \pi+2k\pi](k\in\mathbf{Z})$ 内递减，在 $x\in[\pi+2k\pi,\ 2\pi+2k\pi](k\in\mathbf{Z})$ 内递增；

(4) 当 $x\in\{x\mid x=2k\pi,\ k\in\mathbf{Z}\}$时取得最大值1，当 $x\in\{x\mid x=\pi+2k\pi,\ k\in\mathbf{Z}\}$时取得最小值 -1.

单元测试

一、判断题

1. $\pi=180°$.（　　）

2. 点 $P(\cos\alpha,\ \sin\alpha)$ 在角 α 终边上，则 $\sin\alpha=\frac{y}{\sqrt{x^2+y^2}}$，$\cos\alpha=\frac{x}{\sqrt{x^2+y^2}}$.（　　）

3. 角 α 的正弦值的符号与角 α 的终边上任一点的横坐标符号相同.（　　）

4. 对任意象限的角 α，$\tan\alpha$ 与 $\cot\alpha$ 的值符号相同.（　　）

5. 第一象限的角都是锐角.（　　）

6. 1500°是第二象限的角.（　　）

7. 函数 $y=\sin x$ 与函数 $y=-\sin x$ 的最大值不一样.（　　）

8. 若 α 是三角形的一个内角，则 $\sin\alpha>0$.（　　）

二、填空题

9. $360°=$________rad.

10. 角30°的正弦值是________.

11. 角$\frac{\pi}{4}$的余弦值是________.

12. 角$\frac{\pi}{3}$的正切值是________.

13. 与75°终边相同的角的集合是____________________.

14. 如果 $\tan\theta<0$，且 $\cos\theta<0$，则 θ 是第________象限的角.

15. 角2581°是第________________象限的角.

三、解答题

16. 设扇形的弧（劣弧）所对的弦 AB 的长是2cm，扇形所在的圆的直径是4cm，求此扇形的圆心角 $\angle AOB$ 的大小和扇形的弧长.

17. 已知 $P(x,\ 8)$ 是角 α 终边上一点，且 $\cos\alpha=\frac{3}{5}$，求点 P 的横坐标 x 和 $\tan\alpha$ 的值.

18. 计算：

（1）$2\sin\frac{3\pi}{2}+5\cos 0-3\sin\frac{\pi}{2}+25\cos\pi$；

（2）$7\cos\frac{\pi}{3}-3\tan\frac{\pi}{4}+\frac{3}{2}\tan^2\frac{\pi}{6}-4\sin\frac{\pi}{6}+\cos^2\frac{\pi}{6}$.

19. 用“五点法”作出正弦函数 $y=\sin x-1$，$x\in[0, 2\pi]$ 的图像，说出函数 $y=\sin x-1$，$x\in[0, 2\pi]$ 上的增减区间，函数的最大值和最小值，并写出取得最大值和最小值时的 x 值.